JN130157

押送船

江戸時代の小型快速船

胡桃沢勘司【著】
Kanji Kurumisawa

岩田書院

はしがき

本書は、押送船を伊豆・渥美・紀伊の三つの半島で検討した結果、「押送船の源流は紀州」だと主張することを意図して、取り纏めたものである。まずは、初出の原題等を、各章に沿って紹介しよう。

第一章

第一節「伊豆の水陸連携魚輸送—馬士と押送船—」『民俗文化』二六号　近畿大学民俗学研究所　二〇一四年七月

第二節「東海の押送船」『交通史研究』五九号　交通史研究会（現交通史学会）　二〇〇六年四月

第二章「渥美半島の魚交易伝承—三河湾岸の押送船を中心に—」『民俗文化』一五号　二〇〇三年三月

第三章「紀州の押送船」『民俗文化』二九号　二〇一七年十月

全ての報告で述べたことだが、押送船に言及している研究者は、管見の限りでは、桜田勝徳[1]・荒居英次[2]・石井謙治[3]・西川武臣[4]・後藤雅知[5]・川名登[6]・筑紫敏夫[7]の、各氏である。水運史・漁業史の双方から、関心を寄せられてきたことが分かるが、これらを集約するならば、押送船は、近世、江戸湾を中心に関東地方の漁村で魚を積み、江戸の魚市場に運ぶのを主な業務とした快速船で、房総・相模・伊豆の沿岸に多く見られた、というものになるだろう。江戸周辺を航行していたと認識されてきたのが分かるが、川名は、押送船をはじめとする中・小型船の研究は、大型廻船のそれに比べ立ち遅れていると、指摘する。[8] この指摘をどう発展させてゆくのか、様々な方向性が検討されるべきだろうが、筆者が注目するのは押送船の分布地域である。これは、「関東地方」が通説とされてきたが、第二章＝渥美半島に存在したのを知って以降、伊豆半島以西にも目を向けるべきだと、考えるようになった。本書は、この思考に基づく作業報告を、集成したものである。

集成に際し、報告は、伊豆半島東岸から西へ向かう形で配列した。通説で「在る」とされているエリアから説き始め、西進に伴い、より馴染みが薄くなる土地の押送船を紹介するとの手法が、今回は分かりやすいと、判断したからである。断っておきたいのは、一書としての結論は、前述のとおり「源流は紀州」だが、これを前提に記述しているのは第三章に限られている。こうなった原因は、「通説」を鵜呑みにし、第一・二章の初出執筆時には、「主たる分布地域の江戸周辺で使われ始め、関東から伝えられた」を前提に、作業を行ってしまったことに有る。本来なら該当部分は、書き直すべきなのかもしれないが、「これも作業過程の記録」と考え、敢えてそのままにした。

押送船の「売り」は「快速」であることから、本書の副題を「江戸時代の小型快速船」としたが、押送船の大きさは、大型ではないことは確かだが、中型なのか小型なのか、研究者によって見解に相違が有る。本書で敢えて「小型」を採ったのは、江戸時代の船の象徴的存在として北前船等でお馴染みの弁才船に比べれば、小さな船であることを知っていただきたいからに他ならない。

葛飾北斎の「冨嶽三十六景　神奈川沖浪裏」には押送船が描かれているが、日野原健司によれば「「冨嶽三十六景　神奈川沖浪裏」は世界で最も知られた日本の絵画」であるという。[9] すなわち、そこに描かれている押送船は、和船のなかでは、世界で一番、目に留められる機会が多い舟だという位置づけになるのである。この名の船に関わる研究は、日本交通史に限らず、世界的な意義を有しているといっておこう。

註

（1）桜田勝徳「改訂船名集」（『海事史研究』一〜七号、一九六三年十二月〜六六年十月。『桜田勝徳著作集』第三巻、一九八〇年十月に収録）。
（2）荒居英次『近世の漁村』（一九七〇年九月）。
（3）石井謙治『和船』Ⅱ（一九九五年七月）。
（4）西川武臣「江戸内湾の湊の歴史―水運と流通をめぐって―」（柚木学編『総論水上交通史―水上交通史研究の課題と展望―』一九九六年一月）。
（5）後藤雅知『近世漁業社会構造の研究』（二〇〇一年五月）。
（6）川名登『近世日本の川船研究―近世河川水運史―』上（二〇〇三年十二月）。
（7）筑紫敏夫「押送船の活動範囲」（『千葉史学』四五号、二〇〇四年十一月）。
（8）川名登「海の舟と川の舟」（『利根川文化研究』二五号、二〇〇四年八月）一頁。
（9）日野原健司「歴史ミュージアム　東洲斎写楽・葛飾北斎　二大人気浮世絵師の研究動向」（『週刊新発見！　日本の歴史』三三号、二〇一四年二月）三一頁。

目　次

第一章　伊豆半島

伊豆半島の押送船については、東西両海岸のものを共に検討したので、第一節で東海岸、第二節で西海岸と、それぞれに分けて述べてゆく。東西の呼称だが、地元では、東海岸では「東浦」が、西海岸では「西浦」が、各々通称として使われているので、本書もこれに従った。

第一節　東浦

はじめに

近世、東浦の水産物が押送船に積み込まれ、江戸へ送られていたのを教えてくれるのは、前掲の先行諸研究である。当地で留意するべきは、それらに加え、『静岡県史』[1]・『伊東市史』[2]・『熱海市史』[3]・『韮山町史』[4]・『伊豆長岡町史』[5]・『街道の日本史22 伊豆と黒潮の道』[6]等々、自治体史を中心に、地元にも、押送船を取り上げた数多くの先行研究が存在していることだろう。とりわけ注目すべきは、これらが、「西浦の内浦で漁獲された魚は、いったん陸揚げされて、馬背により伊豆半島を横断して東浦の網代や宇佐美まで行き、ここで押送船に積み替えられ、江戸へ送られた」と、指摘していることだ[7]。西浦から江戸へ魚を送る際、押送船は、実は、馬背と「連携」をしていたのである。通説に登場する機会も多い東浦の押送船を、ここで敢えて取り上げたのは、正にこの点に有ると言って良い。

交通史研究の深化を図るうえで、水運と陸運の「連携」に着目することの重要性は、隠岐島―若狭―京都と続く鯖輸送の検討を踏まえ、拙著でも指摘しており[8]、もはや避けてはとおれない。「西浦→東浦」は、この課題に取り組むうえで、貴重な事例と言えるだろう。ところが、管見の限り、学界の先行研究に、押送船と馬背の「連携」に触れたものは見出されないのである。学界が、地元の成果を汲み上げることが出来ていない一例だと言われても、仕方がない。東浦の押送船は、通説のなかに認識されながら、その実態には見落とされたままの側面が有る。現状を踏まえて

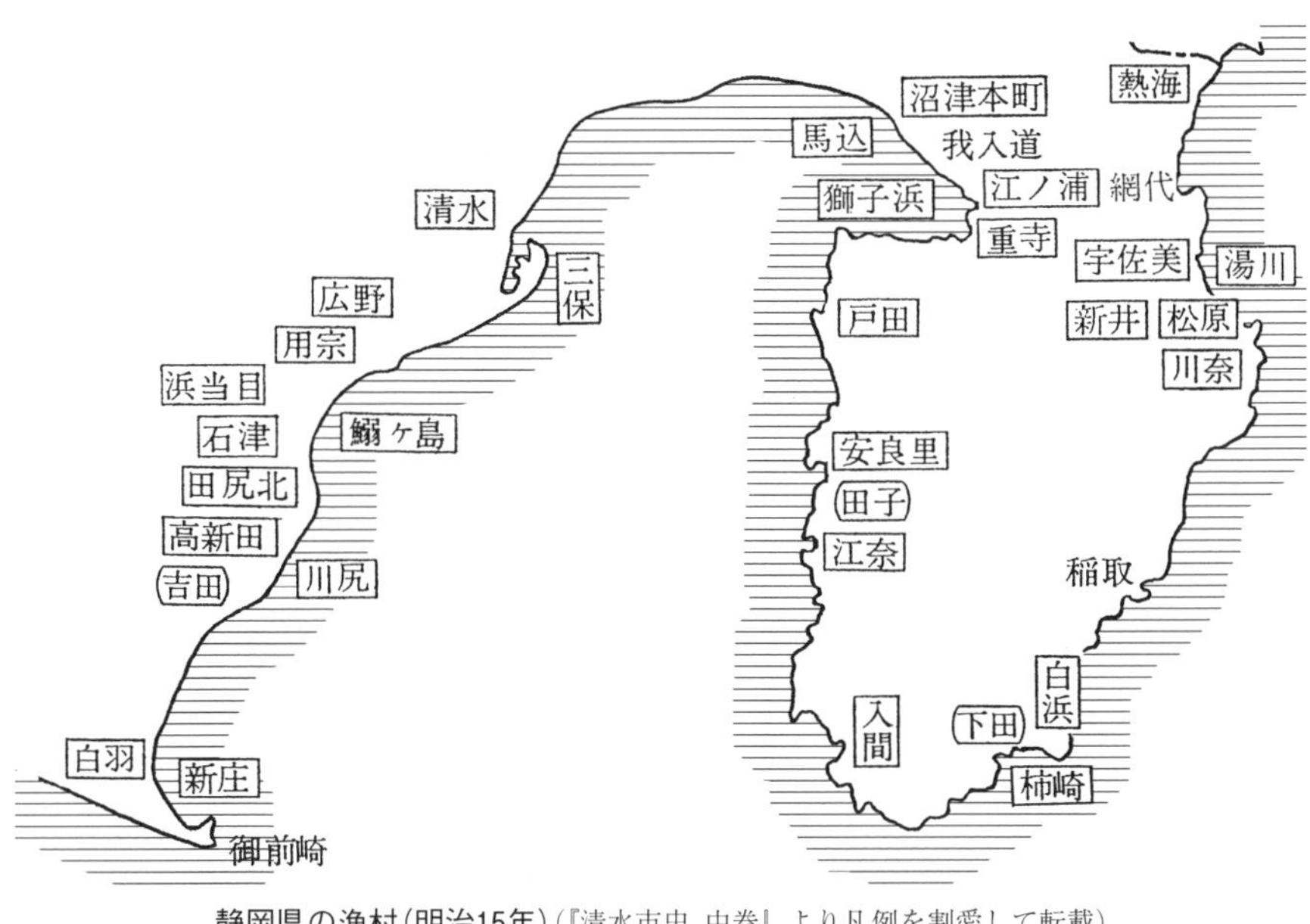

静岡県の漁村（明治15年）（『清水市史 中巻』より凡例を割愛して転載）

なすべきは、地元の研究に学びつつ、「連携」に向き合うのを、自らに課すことなのである。

話題は前近代であるから、導入として領主支配に言及するのが手順だが、近世、伊豆のそれは複雑で、時代的変遷をたどるのが難しい。[9]石高・村数を示すに留めるが、延宝五年（一六七七）には総石高七万九六九七石余で村数は二七九か村、[10]天保五年（一八三四）には八万四一七一石余で二九一か村と、[11]なっていた。

一　東浦の押送船

押送船は、前述のとおり「魚を運んだ快速船」というのが学界の共通認識だが、速達を担保する前提として、外洋を乗り切る性能を有する、高い航海能力を備えた船であった。[12]これは史料に基づき指摘したことだが、その様相を絵画から具体的に知ることが出来る。石井謙治は、葛飾北斎の「冨嶽三十六景　神奈川沖浪裏」に描かれている船は押送船だと見たうえで、一般の船が退避するような風浪のな

写真１　東浦筋　網代―宇佐美間

かでも活動したことから、北斎は描写したと、推定している。[13]押送船は、単に速いだけでなく、悪条件を克服して進む、力強い船であった。前述のとおり、日野原健司によれば「「冨嶽三十六景　神奈川沖浪裏」は世界で最も知られた日本の絵画」であるという。[14]押送船は、和船のなかでは世界で一番知られた存在、との位置づけになるのである。時化でも動いた押送船は、伊豆東浦においても目にすることが出来た。ここを通る道は東浦筋と呼ばれ、小田原から来て、熱海―上多賀―下多賀―網代―宇佐美―湯川―松原と南下して、下田へ通じている[15]（写真１）。この道を歩いた旅人が、記してくれた押送船の姿を掲げよう。

〔史料１①〕[16]

松原といふ町より、湯川といふ処に行く、このわたりなべて伊東の浦になんありける、ひだりは波打際にて小舟数多ひきあげたるも見ゆ、又右なるかたに山の出崎ありて、おしおくりといふ舟どもかゝりたり、この松原といふ処に出湯あれば、皆人こゝに湯浴みす、さてこの浦より浜つたひして二里行けは、宇佐美の浦な

り、(傍線、胡桃沢。以下同じ)

〔史料1②〕[17]

鯛の餌くゞりと云ふ岩は、いち先に立て、此より熱海の海なり。烏帽子岩、青岩、碁盤岩抔と次々にあり。此出崎を回りて、暫し行けば熱海より、迎ひの小舟来れり。此処の浜は荒浜にて、押送り形と云ふ船は大きくして寄らねば、此小船に乗移りて岸に寄するなり。

二つの文章から読み取れる重要な情報は、小舟は、陸地に乗りつけ、引き揚げることも出来るが、押送船は、岸に近づくことは出来ず、沖合に碇泊している、ということだ。前近代の湊では、小舟以外の船は沖に碇泊し、小舟で陸地と連絡するのが、一般的であった[18]。

「冨嶽三十六景　神奈川沖浪裏」に描かれた押送船は、乗組員の体格を目安にすると、廻船のような大型船には見えないが、史料1①によれば小舟よりは大きな存在である。川名登は、享和二年(一八〇二)の『船鑑』に基づき、「船の大小規模一覧」を作成したが、長四六尺・横幅九尺の押送船は「中船」に分類している[19]。中型船と理解したいが、これに属する押送船は、陸地との直接接触が困難だったことには、留意しておかなければならない。魚荷の積み卸しには、小舟の助けを借りなければならず、それなりの手間がかかったろう。飛行機と同じで、所要時間は短いが、始終着での手続きが煩雑な輸送機関だったと、予想されるのである。

陸運→海運の中継地とされた網代村の存在を示す史料初見は、永禄元年(一五五八)と推定される文書であるという[20]。天正十八年(一五九〇)、小田原攻め終了後、伊豆は徳川氏の支配下となり、家康は内藤信成を韮山一万石に封じた[21]。網代村は、天正十九年から内藤氏の支配下となるが、小田原藩・韮山代官等々、何度も支配者が入れ替わり、旗本酒井氏の知行所として明治維新を迎えている[22]。宝永三年(一七〇六)の人口は一五〇〇人強だが[23]、享保期の村高が四四石余と、[24] 農業を主産業に出来る環境にはなく、漁業や海運業で生きてゆく所であった。

『熱海市史』上巻は、網代の押送船は近世前期からあったとしているが、[25] 今回閲覧出来た史料で最も年代が早いものは宝永三年八月で、「押送船八艘」と記されている。[26] 宝永期に、伊豆で、これだけ多くの押送船を所持していた所は、網代以外には見出しえていない。同じ史料に「網代浦之儀、下田・三崎間之湊御座候へハ」と書かれているのは、[27] 網代が航路の拠点湊と位置づけられていたのを示している。押送船は、かかる重要地点に集結していたと、考えられるだろう。このように、宝永期には存在していたことの確認は取れるが、より具体的にその姿を伝える史料は享保十年（一七二五）のものである。

〔史料2〕[28]

一廻舟・押送り、あみノ口ニかゝり、通りかゝり候魚之邪魔ニ成候ハヽ、番主ゟのけ候様ニ可申候、若のけ不申候ハヽ、仲ケ間ゟ名主様へ可申上候事、

旅舟ハ早速宿へ断可申候、

廻船・押送船といった輸送を担う船業者と漁業者との間で、トラブルの有ったことが読み取れるが、同じような内容は元文二年（一七三七）の史料[29]にも書かれている。トラブル発生に伴う書付作成によって、享保期には押送船の具体像の一端を知ることが出来るのは有り難いが、押送船は、運ぶ魚が無ければ困るのだから、漁獲の妨げになる行動をすることがあったのは、意外と言うほかはない。押送船に譲歩が求められたが、これは旅舟についても同じであった。旅舟は、「宿へ断可申候」とあることから、網代のものではない舟を指すのだろうが、「たひ押送入込候ても」と記された史料[30]が有るのを併せ考えると、よその押送船がやって来るのは、珍しいことではなかったと思われる。なお、後藤雅知が「「旅人」が押送船を持つ商人を指すことがある」と指摘していて、[31] 興味をひかれるが、これと旅舟が関連

写真２　留田の石畳

するのかどうかは、分からない。

同じ享保十年のもので目を引かれたのは、網代と共に中継地とされた宇佐美の、湊修復の史料である[32]。これによれば、宇佐美には、「長六拾間程、横廿間程」の波止が築かれていた。現地を歩くと、宇佐美の海岸は砂浜が続いているが、漁港の在る留田の東隅に、かつて舟を引き上げたと思われる石畳(写真２)が残されており、「この辺に在ったのか」と思わせる。押送船が陸地と直接接触出来ないことは前述したが、波止が在れば接岸可能となるのは、鹿児島藩で経験済みである[33]。宇佐美は、例外と言って良い、便利な湊だったのだろうか。

網代・宇佐美が「連携の中継地だった」と認めてもらうためには、陸運・海運の輸送機関が存在し、インフラ整備がなされていたことを、それぞれ史料に基づき証明しなければならない。海運については、宝永から享保期には、輸送機関が在ったと言えるのはもとより、両所ともに高いレベルに達していた可能性を秘めている。内浦からほぼ真東という好条件を併せ、東浦のなかで、網代・宇佐美は連携の中継地となる前提を備えていたと、言えるのである。

二　馬士の活動

陸運について、証明してくれるのは、次の文政四年（一八二一）の史料である。

〔史料3〕(34)

差出シ申書附之事

一当浦江戸廻り魚荷之儀、是迄中村道より東浦□差送り申候所、此度少々故障之儀、出来い□　□当時荷主并世話人其外最寄魚荷馬世話人一同難渋いたし候ニ付、中村道魚荷物馬通路是迄之通ニ被成下度旨掛合中ニ御座候得とも、今以相済兼、右ニ付只今ニも魚荷物等有之候節者、差掛り難□いたし候間、御村方山道筋最寄魚荷馬御通被下度相願候処、格別之以御勘弁中村道通路掛合相済候迄、近内差掛り魚荷物者御通し可被下旨御承知被成下忝奉存候、然上者御林続き之山道ニ御座候得者、我等方ゟ馬士□急度申付、松明等決而不相成万事穏便ニ通ひ度候、道筋猥ケ間敷儀無之様可取計旨是又被仰聞承知仕候、且御道筋ニ而馬士とも万一心得違ニ而猥之義出来いたし候共、私とも引請御村方へ□御苦労相掛申間鋪候、尤右道筋之義者是迄通行不致道筋ニ付、何時御差留被成候とも、其節者決而通行為致間敷候、依之一同連印を以引請書付差出シ申所如件

駿東郡口野村

魚荷物出口世話人

彦兵衛(印)

文政四年

巳正月

豆州原木村馬世話人
喜三良（印）
同国塚本村　同
友　七（印）
同国北条村　同
久　七（印）
同国北江間村　同
源　蔵（印）
同国韮山村　同
平　七（印）

山木村
御名主中

差出人の筆頭に名前が書かれているのは、口野村の「魚荷物出口世話人　彦兵衛」である。口野村は駿河分で、伊豆との境目、狩野川（写真3）放水路河口の南、内浦の北に、位置している。西浦の最北端の漁村だが、この史料の最大の注目点は、「江戸送りの魚荷を馬背で東浦へ送る」と、明記されていることである。管見の限り、ここまで「連携」が明記された史料は、これ一点しか無い。

誤解の無いよう言っておきたいのは、西浦→東浦の魚荷馬背輸送について記された史料は「これしか無い」という意味ではない、ということだ。他にも有り、たとえば「口野村より東浦江差出候魚荷付送り之義ニ付、荷主・馬士之

写真3　狩野川　北条付近

間柄之事ニ付[35]」といった記述は有る。ただ、西浦から馬背で東浦へ到着した魚荷が、その後どうなったのか、この書き方からでは確認を取ることは出来ない。また、「豆州西浦ゟ網代村江附越候鮪荷物之儀、（中略）鮪荷物駄数改方之儀は、押送持中ニ而相改[36]」との記述も有る。鮪荷物の駄数改めを押送持中が行っていることから、これを、網代から押送船に積み替え送り出したと、解釈することは許されるだろう。しかし、どこが行先だったのか、教えてはもらえない。

すなわち、関連史料のなかにおいて、「江戸廻り魚荷」の明記こそ史料3の価値と見なされる。ここから認識しなければならないのは、「連携」を明記した史料が気前良く残されているわけではなく、前掲先行研究においては、いくつかの史料を照合したところ、行われていたと考えて良いとの形で、「連携」が説かれてきたと、予想されることである。これを踏まえるならば、確実に「連携」に従事した陸上輸送機関が存在したのは、史料3の記載年代である文政期となる。「連携」を可能とする条件整備が確認されるのは、十九世紀のことなのである。

「松明等決而不相成」は、西浦→東浦の魚荷馬背輸送が、夜間に行われたことを示しているが、これは日が差す日中を避けたからで[37]、遠野の駄賃付と同じ理由である[38]。魚の鮮度を落とさないための措置と見て良いだろう。史料3では松明使用が禁止されているが、他の史料や先行研究には「松明が使われていた」とするものも有る。ただ、御林を通行することになるので、防火には細心の注意がはらわれ[39]、提灯を使うよう指示されることもあった[40]。西浦→東浦の魚荷馬背輸送を語る史料を探していて、最も目に留まることが多かったのは、この「松明使用に気をつけろ」「松明使用は禁止する」の類である。「御林が大事」との、支配者の都合が前面に押し出された形と受け止められるが、それでも馬背輸送業者達が灯火にこだわったのには、余程の理由が有ると考えるべきだろう。というのは、馬は暗闇でも目が見えるから[41]、灯が無くとも、馬についていけば、歩行に支障は無いのである。

余程の理由は、『伊豆日記[42]』に「今まりおける狼の糞、そこゝにあるを見れば」(六丁)と記される、狼の存在だと思われる。同日記には「この野は狼のいと多かる処なり、はや申の時にもあなれば、一里かほどハ暮れぬべかめり、一人にては行く道のほどおぼつかなう思う」(九丁)とあって、薄暮の時間帯ともなれば、人々が狼に強い恐怖心を抱いたことが読み取れる。『遠野物語』三七話は、駄賃付が狼に襲われた話だが、この時は火で防ぐことを試みている。これをヒントとするならば、御林を通る馬背輸送業者達が敢えて松明を携行したのは、狼対策であったと判断出来る。失火をすれば一札取られる、でも火が無ければ狼が怖い、この二つの恐怖の間で、馬背輸送業者は西浦→東浦の魚荷輸送に従っていたわけだが、西浦の魚が、これほどの手間をかけて運び込まれていたことを、果たして江戸の人々は知っていたのだろうか。

史料3は、口野村の魚荷物出口世話人および五か村の馬世話人が、山木村の名主に、西浦→東浦の魚荷輸送経路の

写真４　蛭ヶ小島

変更を、依頼したものである。これまでの「中村道」は韮山反射炉付近を通る道、今後の山木の「御村方山道筋」は、江川邸＝韮山役所付近をを通る道で、「中村道」が南に位置している。不思議なのは、馬士の居住地である五か村が、通路としていた「中村道」ではなく、山木村の近くに位置していることである。魚荷を運ぶ時は、まず口野村へ行き、馬背に積んでから、東浦へ向かったはずだが、口野村からの距離は、「中村道」と山木村の間に、さほどの差は見られない。かかる場合、輸送の担い手は、食料の補充等、何かと都合が良いことから、自らの居住地近くの道を選ぶのが自然だろう。にもかかわらず、敢えて遠い道を選んでいたのには、それなりの理由が有るはずだが、これは狩野川東岸の地形の関係ではないかと思われる。

口野村から東浦へ向かう場合は、どちらの道を選んでも、狩野川を渡らなければならないが、川越えをした後の道は、山木経由の方が悪かったと推定される。平治の乱に敗れた源頼朝が流された蛭ヶ小島（写真４）は、山木に至近の地だが、ここは湿地帯なのである。一方、「中村道」は、田中山の裾を沿うように、走っている。重い荷物を積んだ馬が歩きやすいのは、足元がより確かな「中村道」だったと判断される。

ちなみに、天保六年の『伊豆国懐紀行』[43]には、「道もいと広く開けたり。爰は伊東網代の浜方などの通路なり。魚商人馬荷なども行かふて少し賑ひて見ゆ」と、書き留められている。江戸の武士の目に留まるほど、「中村道」では、「魚商人馬荷」が頻繁に往来していたのが、伺われよう。描写の場所は浮橋で、「中村道」沿いに在るが、ここは、山伏峠から網代への道と、亀石峠から宇佐美への道の、分岐点であった[44]。『豆州志稿』[45]には、中村近くの南条から浮橋までは一里二八町四四歩、浮橋から亀石峠を越えて宇佐美までは二里一三町三六歩と、記されている。なお、亀石峠では、亀に似た形をしている石を、見ることが出来た(写真5)。宇佐美の亀が、峠を越えて往来していたが、日照り続きの際の帰り道、ここで力尽きて石になったとの、伝説が伝えられている[46]。

写真5　亀石

史料3を含め、閲覧した史料による限り、馬士および関係者の居住地は西浦に近い農村であり、東浦には見出されないが、これも要因は地形と考えられる。山伏峠から亀石峠を結ぶ稜線は、半島の東浦寄りを南北に結んでいる。よって、東浦は海岸から直ちに西に向かって傾斜地となるが、西浦は狩野川沿いに平地も広がり、対照的な景観が展開している。これは、農村の成立が、東浦では困難だが、西浦では容易という違いを生み出した。西浦では、多数の馬の飼育が可能で、この馬が魚輸送に活用されることとなる。馬背→押送船の「連携」が、東西どちらの浦の希求であるにせよ、陸上輸送部分を実行可能としたのは西浦だったと言えるだろう。馬士は、たとえば註(35)に一文を示した「口野村より東浦へ送り魚荷一条馬士取決一札」には、南江間村で一三人、北江間村で七人が、それぞれ書き上げられている。それなりの人数が居たのであり、関係史料に「馬世話人」が名前を連ねることとなった。「馬士取決一札」が出せるのは、馬士が組織化されていたことを示している。「馬世話人」は、彼らの纏め役だったのかもしれない。

なお、西浦↓東浦の生魚の夜間馬背輸送について語る文政四年四月の「入会山夜間通行火之番差出状」[47]には、立入人として網代村の半右衛門の名前が記されている。半右衛門は、御木半右衛門家の当主で、初代は貞享年間(一六八四〜八八)に紀州から網代へやって来た。押送船による江戸への魚輸送に従事して財をなし、享和(一八〇一〜〇四)以降には町頭も務めた有力商人である[48]。「西浦の者が原則」のなかで、東浦の半右衛門が差出状に連名として立入人となっているのは、文政期における馬背輸送が、押送船を使う半右衛門にとって重要事項であることを示している。その半右衛門が関わっているのであれば、「入会山夜間通行火之番差出状」には、史料3のような「江戸」の明記こそ無いものの、魚は「連携」による江戸送りと考えて間違いない。史料3に基づくのは正攻法による証明だが、「入会山夜間通行火之番差出状」に拠るのは、馬士の居住地を絡めた、文字通り「搦手」からの証明となる。年代が、共に文政四年であるのは、「連携」と密接な因果関係を持つからではないかと、予想せしめるのである。

三　近代への継続

「連携」を可能とする条件整備が確認されるのは、文政期(一八一八〜三〇)のことであるが、この「連携」は明治維新以降も行われていたと、考えられる。

「押送船は近世」が学界の常識なのだろうが、明治中期の刊行であるにもかかわらず、『静岡県水産誌』巻三[49]には、網代をはじめとする東浦の各地で、「押送船」の文言が左記のとおり見出される。

①網代　東京へ送る雑魚(生魚)は汽船或ハ押送船。(一九丁)

②宇佐美　東京へは、鯛など(生魚)を押送船で送るが、悪天候で進めなくなると、横浜で売ることがある。横須賀へは、さわらなど(生魚)を押送船で送る。(二四丁)

③新井　東京へ、鯣などを、大船或ハ汽船又押送船で送るが、長期間貯蔵したものは、大船或ハ押送船で送るのを常とする。生の鮑は、竹籠に入れて海水に浸し、押送船で東京・横浜へ送る。(三四丁)

④八幡野　東京へ、鯛など(生魚)を押送船で送る。(五一丁)

⑤稲取　陸運は不便だが、押送船・廻船・汽船等、海運の便は良い。(六〇丁)

稲取　東京へ送る雑魚(生魚)は汽船或ハ押送船。(六五丁)

汽船の補完としての位置づけではあったろうが、日清戦争期には、引き続き押送船が活動していたのは、紛れもない史実なのである。ただ、姿を消した時期を明確にすることは出来ない。『静岡県水産誌』巻三には、「稲取から沼津・清水等へは生魚を押送船で運んでいる」(六五丁)と記されているが、「汽船」の姿は見えない。東京向けも、汽船が不足していて、押送船が継続使用されていたのだから、東京と逆方向へ向かう船は、なおのこと押送船の独壇場だったのだろう。西浦・駿河湾では、東浦より、遅くまで押送船が残ったと考えられるが、その時期は昭和初年頃であった[50]。とすれば、東浦における消滅期は、それより早いと想定される。該当時期は、明治後期から大正年間と、判断されるのである。

加藤清志によれば、西浦→東浦の馬背輸送は、大正初めまで行われたという[51]。大高吟之助は『網代郷土史』[52]で、

「（西浦から東浦へ）送られた鮪の数量は大変な数であった。古老の話によると、馬一頭に鮪四本宛（一本七・八貫目位の鮪）つけて運んだのでその鮪のことを「四ツ」と呼んで仲買や漁師仲間の通用語となり、「四ツ鮪」の通称は今に至るまで通用している」と、述べている。『網代郷土史』は昭和五十年の刊行だから、大高が古老から話を聞いたのを昭和四十九年と仮定すると、当時八十歳の人は明治二十七年生まれである。明治二十七年生まれの人であれば、明治末年から大正初年頃にかけての「記憶は十分」だと、思われる。大高の記録は貴重なものと言え、これに基づき、西浦→東浦の馬背輸送は、明治末年頃までは行われていたと、予想されるのである。

陸運・海運の輸送機関は、明治維新以降も、右記のとおり、それぞれ活動を継続していた。よって、「連携」は、明治末年頃まで存在した可能性が有ることを指摘しておきたいが、これはすなわち、筆者が提唱する「明治は錯綜の時代」[53]の、事例と見なされる。ただ、これを唱えた時は、「陸上では人力運搬と蒸気機関車」「水上では和船と蒸気船」と、水陸それぞれにおいて、との形で認識していた。そこへ、第三の形として、「連携」においても、これが存在することを確認しえたのである。

おわりに

前近代の陸運・水運につき、それぞれ著書（『西日本庶民交易史の研究』『近世海運民俗史研究』）を纏めた者として、次は両者の連携の事例に向き合う機会を得たいと考えてきた。若狭を中継地とする、海陸の鯖街道は好例の一つだが[54]、これについては、陸運・水運を個々に見る形の作業しか行っていない。ステップアップのためには、両者を併せ見ることが必須で、本節は正にその試みなのである。

皇居（京都）に繋がる鯖街道、幕府所在地を目指す江戸送りの輸送物資は、共に魚であった。一方で、目的地へ届けるアンカーは、京都は人力運搬業者＝陸運、江戸は押送船＝水運と、正反対になっている。これはすなわち、連携のリレー順が、鯖街道は水運→陸運、江戸送りは陸運→水運であるのを、示している。輸送物資が魚であることを踏まえると、リレー順は、水運→陸運が順当と見なされよう。ということは、陸運→水運を行っていた江戸送りは、連携の形としては例外的存在だ、ということになる。本節で紹介した内容は、ここに特徴が有るのを承知しておかなければならない。では、何故、魚輸送の陸運→水運が行われるようになったのか。

泉雅博は、「伊東海域で水揚げされ、あるいは加工された海産物は、自家消費分を除けば、ほとんど江戸へ廻漕された」と、指摘する[55]。これは、東浦が全体としてそうであったと受け止められ、江戸の、魚に対する、旺盛な需要を示すものと、考えられる。旺盛な需要は東浦を発展させたが、問題は、旺盛な需要を賄いきれなくなった時、どうするかである。その解決策を、既知の鯖街道で見るならば、若狭産の鯖だけでは足りない分を、隠岐をはじめとする山陰地方からの移入により、補っている。海の向こうに補充を求めたのであり、これが水運→陸運の連携を展開せしめる形となった。この枠組みを江戸送りに当てはめると、東浦だけでは足りない分は、西浦から移入するしか方策が無い。変則的な形だが、山の向こうに魚を求め、結果として、魚輸送の陸運→水運が行われたと、推定される。

ここからは、①水運→陸運、②陸運→水運、共に、補充が必要になると連携が行われるという、共通の図式が有るのが見えてくる。鯖街道の小浜も、江戸送りの網代・宇佐美も、地元産で賄えるうちは、湊は正に発送地として存在した。それが、海山の向こうに補充を仰ぐようになると、中継地としての機能を併せ持つとの形に、変化してゆくのである。前述のとおり、②は例外的存在だが、基本的枠組みは①と同じなのを、確認しておきたい。

註

（1）『静岡県史』通史編3 近世1（一九九六年三月）、通史編4 近世2（一九九七年三月）、資料編23 民俗1（一九八九年三月）。
（2）『伊東市史』本編（一九五八年七月）。
（3）『熱海市史』上巻（一九六七年五月）。
（4）『韮山町史』第十一巻（一九九六年三月）。
（5）『伊豆長岡町史』中巻（二〇〇〇年三月）。
（6）仲田正之編『街道の日本史22 伊豆と黒潮の道』（二〇〇一年五月）。
（7）『韮山町史』第十一巻、一八五～一八六頁によれば、北伊豆では狩野川舟運が発達し、流域の産物を沼津まで運んで江戸へ海上輸送していたが、魚はより速い輸送法が求められたため、陸路を東浦へ送って押送船に引き継いだという。
（8）拙著『近世海運民俗史研究―逆流 海上の道―』（二〇一二年一月）一二〇頁。
（9）『熱海市史』上巻、三三四頁。
（10）『伊豆長岡町史』中巻、二七頁。
（11）仲田編『街道の日本史22 伊豆と黒潮の道』八一頁。
（12）本書三九頁。
（13）石井謙治『和船』Ⅱ（一九九五年七月）一六五頁。
（14）「歴史ミュージアム 東洲斎写楽・葛飾北斎 二大人気浮世絵師の研究動向」（『週刊新発見！ 日本の歴史』33号）、三一頁。

(15)『伊東市史』本編、四〇二頁。
(16)富秋園海若子『伊豆日記』文政四年三月　伊豆研究会刊行本（一九七五年三月）一一丁。
(17)小笠原長保（下田奉行）『庚申旅日記』文政七年　『日本紀行文集成』（一九七九年十月）八一七頁。
(18)石井謙治『和船』Ⅰ（一九九五年七月）一九一頁。
(19)『近世日本の川船研究―近世河川水運史―』上、四四八頁。
(20)若林淳之監修『定本静岡県の街道』（一九九〇年十二月）三三六頁。
(21)『熱海市史』上巻、二六二～二六三頁。
(22)同右三三三一～三三三三頁。
(23)同右四三二頁。
(24)同右四三七頁。
(25)同右五三一頁。
(26)「網代村差出帳下書」網代　善修院文書　『熱海市史』資料編（一九七二年三月）四八四頁。
(27)同右四八六頁。
(28)「立網寄合所覚書」享保十年十一月　網代　岡田家文書　『熱海市史』資料編、四五六頁。
(29)「小田原藩勤番触書」網代　岡田家文書　『熱海市史』資料編、四五八頁。
(30)「網代村諸事由緒」年代未詳　網代　岡田家文書『熱海市史』資料編、四五二頁。
(31)後藤雅知『近世漁業社会構造の研究』（二〇〇一年五月）二七頁。
(32)『伊東市史』史料編　近世Ⅰ（二〇一〇年三月）五四六～五四七頁。

（33）拙著『近世海運民俗史研究─逆流 海上の道─』二二一頁。
（34）「江戸廻り魚荷差送り引請状」文政四年正月　山木　鈴木荘泰家文書『韮山町史』第五巻下（一九九一年三月）二〇三～二〇四頁。
（35）「口野村より東浦へ送り魚荷一条馬士取決一札」天保十四年六月　伊豆長岡町教育委員会編『町史資料』別編一　津田家古文書（一九九六年十一月）二九九頁。
（36）「鮪荷物村益一件取極一札」文政十年七月　網代共有文書『熱海市史』資料編、五四三頁。
（37）『韮山町史』第十一巻、一八六頁。
（38）拙稿「『遠野物語』の中の近世─交通・交易を中心に─」（『民俗文化』二五号、二〇一三年七月）九四頁。
（39）『韮山町史』第十一巻、一二二頁。
（40）「入会山夜間通行火之番差出状」文政四年四月　中　稲村宣家文書『韮山町史』第五巻下、二〇四頁。
（41）拙著『西日本庶民交易史の研究』（二〇〇〇年十二月）四三五頁。
（42）『伊豆日記』六丁。
（43）箕川翁（氏名不詳）、『伊豆国懐紀行』天保六年　『日本紀行文集成』（一九七九年十月）九二六頁。巡見使として伊豆を見聞した記録。
（44）『伊東市史』本編、四〇四頁。
（45）秋山富南『豆州志稿』寛政十二年三月　高橋廣明監修　復刻版（二〇〇三年十一月）一六頁。
（46）若林淳之監修『定本静岡県の街道』（一九九〇年十二月）一七五頁。
（47）「入会山夜間通行火之番差出状」文政四年四月　中　稲村宣家文書　『韮山町史』第五巻下、二〇五頁。

(48)『熱海市史』上巻、四一八頁。
(49)静岡県漁業組合取締所編『静岡県水産誌』(一八九四年四月、復刻版一九八四年二月)。
(50)本書四四頁。
(51)加藤清志『伊東風土記』(一九九六年十月)二一四頁。
(52)大高吟之助『網代郷土史』(一九七五年五月)五四七頁。
(53)拙著『西日本庶民交易史の研究』五〇六頁。
(54)拙著『近世海運民俗史研究—逆流　海上の道—』一二〇頁。
(55)泉雅博「近世伊豆東浦の漁業と海域社会の動向—争論における享保十三年「覚」の意義等をめぐって—」(山本直孝・時枝務編『偽文書・由緒書の世界』二〇一三年七月)八七頁。

第二節　西　浦＝駿河湾岸

はじめに

舞台を西浦へ移すと、同じ伊豆半島であるにもかかわらず、東浦と比べる時、「はしがき」に挙げた先行研究の言及は、ぐっと少なくなってくる。江戸の目線の届かぬ所ということになるが、ここにも押送船が在るのではないかとの予想を持ったのは、本節より初出の執筆時期が数年早い、第二章で記したように、渥美半島に押送船が存在した史実を認識させせられたからである。詳しくはそこで述べるものの、手順として、まずは伊勢湾・三河湾の様相を略述し、これを踏まえて、西浦を含む駿河湾岸について話を展開する形で、「東海地方の押送船」を概観してみることとしたい。

一　伊勢湾・三河湾の様相

東海地方にも押送船が存在するのを記録したのは桜田勝徳である。桜田によると、民俗としての押送船の分布は東海地方までで、上方には見出されないという[1]。東海地方の海洋としては西部となる伊勢湾・三河湾の押送船に、民俗学的視点から触れているのは、『三河湾・伊勢湾漁撈習俗緊急調査報告』第Ⅱ集[2]・『日本の民俗・愛知』[3]・『田原町史』[4]の各書である。これらによれば、押送船は、漁師から魚を買い付けに廻る船で、昭和三十年頃まで存在したという。

昭和三十年頃まで存在したということは、これを直接知る人の生存を予測させる。

渥美半島へ現地調査に赴いたところ、田原町白谷で昭和五年生まれの、渥美町江比間で大正四年生まれの、渥美町向山で昭和四年生まれの、何れも男性から話を聞かせてもらうことが出来た。これに基づき、報告文[5]を作成したが、押送船の存在が確認されるのは、全て裏浜と通称される渥美半島の三河湾側である。呼称は、白谷ではオショクリ、江比間・向山ではオショクリもしくはカイマルと言っていた。活動内容は、前記書（註（2）～（4））が述べるのと、ほぼ同じである。

次にその歴史的背景だが、これにつき触れているものとしては、『蒲郡市誌』[6]・村瀬正章『伊勢湾海運・流通史の研究』[7]の二書が挙げられる。村瀬は、十九世紀前期（化政期）頃から、熱田の魚市場が活況を帯び、押送船は、その直後の天保年間に「買い廻り船」から発展して見られるようになり、買い廻り船は漁師から魚を買い取り市場に売っていた、と指摘する。『蒲郡市誌』には、現在市域に含まれる形原村は、幕末期に七〇～八〇艘の船を有していたが、そのなかには「おしょくり」の別称を持つ買い廻り船が二〇艘前後含まれ、これは渥美半島へ買い付けに出ることがあった、と記されている。これら歴史学的研究が語る内容は、民俗として把握される押送船のそれと、ほぼ一致すると見なして良いだろう。村瀬は、押送船が南知多の舟唄のなかに歌い込まれていることに触れているが、これは、現地の人々にとって、この船が多分に民俗的な存在であったのを窺わせているのである。

右に挙げた二書により、距離的に近い所で押送船が近世以来の存在であるのが確認されたことを受け、渥美半島でこれに関わる史料の検索を試みたところ、伊良湖岬の安政六年（一八五九）十月の文書[8]に、「当月四日尾州師崎三治郎乗押送船、逢難風当村大嶋江被吹寄候之節」（傍線胡桃沢、以下同じ）と、書かれているのを見出すことが出来た。この史料は難破した時のものであるため、押送船が魚を買い付けに廻っていた様子を読み取ることは出来ないが、『渥美町史』は「押送」に「おしょくり」とルビを付しており、これは現在伝えられる民俗語彙にほぼ等しい。裏浜の押送船の民俗は、近世以来のものと判断して良いと考えられるのである。なお、明治二年（一八六九）になるが、『渥美町史』[9]は、江比間に「押返船」が存在したことを記している。もしも「返」が「送」の書き誤りであるならば、これも「押送船」となり、渥美半島での押送船が近世以来の存在であることを裏付ける事例ということになるだろう。

以上に述べた事柄を踏まえると、問題点は次のとおり整理される。

①活動形態が、関東では運賃積みだが、伊勢湾・三河湾では買い積みである。

②伊勢湾・三河湾に存在したのは近世後期からと思われ、それより早い時代から存在する関東から、伝えられたものである可能性がある。[10]

これが、伊勢湾・三河湾、さらには東海地方の押送船の、当座の研究ポイントと考えられるのである。

二　伊豆・駿河の研究状況

二つのうちのどちらから採り上げるかについては、存在そのものに関わる事項の究明を優先すべきとの観点から、今回は②に目を向け、とりわけ伝播に関わる事柄について検討を行うこととした。

東海の押送船が、仮に関東から伝えられたものであるとするならば、問題となるのは、一体どのような経緯を経て伝えられたのか、ということである。前述のとおり、水運史研究の一般的理解では、押送船は伊豆から東に多く見られるものとされているので、これが西へ伝えられて行ったとするならば、伊豆半島から渥美半島に至る沿岸各地で、存在が確認されるかどうか確かめることが、まずは最も基本的な手続きとなる。作業を、渥美半島から東へ向かって

伊豆沿岸の主な湊の船数書き上げ(各村明細帳などによる)

熱　海	貞享４年	廻船２，天当船７，小船２，網代船籍廻船１
網　代	宝永３年	廻船15，押送船８，漁船81
宇佐美	宝永７年	廻船６，小廻船13
新　井	貞享３年	廻船７，天当船22
松　原	延享２年	廻船１，伝馬船４，小伝馬船５，押送船１，小廻船２，天当船12
和　田	天和２年	廻船９，伝馬船８，天当船１
川　奈	宝永７年	廻船（含小廻船）13
河津浜	正徳２年	伍大力船１
大　瀬	天保９年	天当船10，漁船４
長津呂	寛政７年	押送船２，伝馬船７，漁船２，艪船12
妻　良	寛政11年	小廻船１，網船４，伝馬船２，漁船５，もぎり船３
道　部	元文５年	廻船２，小揚船１，伍大力船２，漁船７
江　奈	元文５年	伍大力船５，小揚船１，漁船５
仁科浜	享保17年	廻船４，漁船２，小いさば船１
宇久須	文政４年	廻船２，小揚船１，海士船６，小船５
土　肥	享保２年	廻船４，小揚船３，漁船７
戸　田	正徳４年	廻船27，小揚船10，漁船13

(『静岡県史』通史編３より転載)

行うか、伊豆半島から西へ向かって行うかということになるが、伝えられたものと仮定するのだから、その進路に従うということで、まずは伊豆半島の西＝駿河湾沿岸について検討することから開始した。

それに際し、最初に把握しておくべきは、第一節にも挙げた地元の研究状況だが、『静岡県史』で押送船に言及しているのは、「通史編３ 近世１」[11]・「通史編４ 近世２」[12]・「資料編23 民俗１」[13]の三編である。その記述は、近世、駿河湾で漁獲された魚は、いったん陸揚げされて馬背により伊豆半島を横断して網代まで行き、ここで船に積み替えられて江戸へ送られたが、網代で馬から魚荷を引き継ぐのが押送船である、というものであった。ちなみに、魚荷を積んだ馬の伊豆半島通過の様相については、『伊豆長岡町史』[14]に詳しい記述がなされているが、同書は網代で荷物を待ち受けているのは押送船であることにも触れていて、さらには押送船の図版まで掲げている。

『静岡県史』通史編３ 近世１には、村明細帳などを基に作成した、伊豆半島の主要な湊の船の一覧(上掲)が載せられているが、これにより、網代では、既に宝永三年（一七〇六）に押送船が八艘あったことが確認される。その他、一覧からは、押送船が、松原に延享二年（一七四五）に一艘、長津呂に寛政七年（一七九五）に二艘、それぞれあったことが分かるが、注意するべきは、存在するのは何れも半島の東岸であって、西岸からは一艘も見出されないことだろう。押送船は、前述したように江戸への魚輸送のためのものであり、当然と言うべきかもしれないが、このことは、地元での最も基本的な研究成果である『静岡県史』の押送船に対する認識が、水運史研究の一般的理解と同じになってゆく要因のように思われる。すなわち、押送船が存在することは認めているものの、それはあくまで江戸への魚輸送を業務とするためのものと、見なされるのである。

では、押送船を、駿河湾内で活動するものとして捉えた研究は皆無なのかと言えば、管見の限り一例だけ存在する。それは、八木洋行の「東海道の名物」[15]で、伊豆の西海岸で漁獲された鮪・鰹・イルカなどは、オショクリ船（押し送る船）で駿河湾を横断し、清水湊や焼津小川港などに水揚げされた、という内容である。これは民俗として採集された資料だと思われるが、年代が書かれていないため、何時頃までこのようなことが行われていたのかが明確でない。また、駿河湾を横断したというが、これは直線的に最短距離を突っ切ったというのではなく、沿岸沿いに航行していたのではないかと思われる。というのは、『西伊豆町誌』[16]が、「御前崎から石廊崎の海域は「せらぎ」と呼ばれる高い三角波が発生する難所のため、廻船は駿河湾岸に沿って航行するようにしていた」と述べているからで、やはり危険を避けるため、押送船も同じ航路を辿っていたのではないかと推定されるのである。このように、なお検討すべき部分が含まれてはいるが、駿河湾東部から西部へ向けて魚が送られることを示唆する事例として、八木の研究は貴重なものと言えるだろう。そして、この示唆を裏付ける研究が、次のとおり存在するのである。

まず『静岡県史』通史編4 近世2は、清水の魚商人が、沼津・安良里と取引をしていたと述べている[17]。沼津の魚商人は江戸魚問屋の支配下にあって、前述の伊豆半島横断ルートにより江戸へ魚を送っていたわけだが、一方で清水とも取引をしていたのである。増田廣實によれば、沼津は甲信地方へも魚を送っているというから[18]、清水と売買関係にあったのは、各方面と取引をしていたことの一端なのだろう。清水は安良里からも魚を買い付けていたが、これは十九世紀前期からのようである。安良里はイルカ漁が盛んな所であった[19]。

次に『清水市史』[20]は、明治中期には、安良里の魚は二〇パーセントが清水へ出荷されていたと記している。年代が明治になるが、今見た『静岡県史』通史編4 近世2の記述を踏まえれば、量の推移は不明なものの、出荷自体は近世からの継続と考えて良いだろう。また『西伊豆町誌』[21]は、仲買商人の五十集屋が、田子から廻船を利用して清水・沼津などに魚を送付していたと指摘する。出荷されたのは、鮮魚(鰹・鮪)・塩干魚・田子節・魚肥などであった。

以上のように、近世から明治期にかけて、駿河湾東部から西部へ向けて魚が送られていたことが確認されるが、運んだ船について記述しているのは『西伊豆町誌』のみであり、しかも同書は廻船によったとしていて、押送船の姿が見えるわけではない。押送船が活動していたとしても良い状況が、近世の駿河湾にあったことは確かだが、これを、史料に基づき確認する作業は、今なおなされていないと判断されるのである。

三　駿河湾の様相

近世の駿河湾の押送船については、史料に基づく所在確認から始めなければならないことが判明したが、その作業を試みたところ、史料七点を見出すことが出来た。これを踏まえて明らかになった史実は、村瀬が伊勢湾で押送船の存在が確認されるとした天保年間(一八三〇～四四)には、駿河湾においても押送船が活動していたことが確かめられた、ということである。少なくとも近世後期に限っては、「伊豆半島における押送船の活動域は東浦」との認識は、改められなければならないことを、まずは指摘しておこう。分布状況は、安良里から御前崎にかけての各地に点在していることから、ほぼ湾岸一帯に及ぶと見て良いと思われる。以下で、史料の記載内容から、魚輸送と本務以外の活動とに分け、「押送船」もしくはこれに準ずると見なされる表記の箇所に傍線を付して年代順に掲げ、紹介をしてみたい。

1 魚輸送

史料1〜3は魚輸送に従事していたことを示すもので、押送船本来の活動に関わる内容である。

〔史料1〕[22]

入置申一札之事

一右者私義此度小廻し押送り船造立仕、貴殿御名仮請諸荷物運送仕候処相違無御座候、然ル上者、何様之義出来仕候共貴殿方へ訴御苦労之筋一切相掛ケ申間敷候、為後日之一札入置申候処仍如件

〔史料2〕[23]

入置申証文之事

一押送リ小廻し船　　壱艘

但諸道具附乗出し儘

代金九拾両也

（略）

右者押送小廻船壱艘今般三分壱貴殿持分ニいたし、出金相頼候処御承知被成下候ニ付、書面之三分壱代金三拾両也慥ニ受取申処実正ニ御座候、且船名前之儀者貴殿御名前ニいたし置諸荷物運送仕候、然ル上ハ、廻船運送中船残リ徳金三ツ割ヲ以勘定相建可申候、為後証書付仍如件

史料1・2には「魚運送云々」と記されているわけではないが、宛人の鈴木平六は、安政三年（一八五六）に清水湊問屋株を取得し、翌年改定された魚座「申合」に「中買世話人物代」として名を連ねていることからすると[24]、魚の売買に関わっていたのは間違いない。彼は安良里からも魚を仕入れていたのだろうが、二つの史料は、それを円滑に行うため、安良里の者が押送船を建造する際、平六が物心両面から援助を与えていたことを物語る。よって、史料1・2は魚輸送に関わるものと判断されるのである。

清水の仲買は漁船建造には資金を貸与していたが[25]、それは魚輸送船にも及んでいた。結果として、実際に押送船を運航するのは魚荷の発送地の鈴木代五郎だが、船の名義が送付先の鈴木平六となっていることから、買い手が輸送担当者を事実上傘下に置いていたことが、読み取れる。支配のあり方が具体的にどのようなものであったかは不明だが、ここには、押送船を運航する者が必ずしも独立の業者ではなかった事例が、示されている。となると、このタイプでは、船の運航を担当する者が、魚の取引自体に関わっていたとは想定しにくくなる。買い積みではなく、運賃積みとして運航されていたと考えられるのである。

〔史料3[26]〕

送状之事

豆州水戸[27]
久右衛門船

一塩鯖百五樽　　但弐百五十入

右者書面産物押送船相雇積入今般出帆為被申候間、入津之上御改可被成下候、以上

大嶋波浮湊
年寄
伝吉印
□引受人
平六印

卯六月十二日

島方
御役所

史料3は、これまで未刊であるが、この文書は「写」が同時に伝えられていて、記載内容にいくつか相違が見られるので、それを紹介することから始めよう。まず標題は「写」では「送状之写」となっている。本文は、原本では「入津之上御改可被成下候」となっているところが、「写」では「此段御届奉申上候」と書かれている。宛先は、原本では「島方御役所」だが、「写」は「江川太郎左衛門様御役所」となっているのである。この文書には年代が明記されていないが、今回提示した史料で一番年代が早い天保年間以降の卯年は、天保十四年(一八四三)、安政二年(一八五五)、慶応三年(一八六七)であって、おそらくこの三つの何れかに該当すると思われる。史料番号を3としたのは、最も後の場合は史料1・2より後年のものとなるからである。

鮮魚ではなく、塩鯖を運んだことを示す史料だが、所謂取引だけでなく、御用の魚荷の輸送にも、押送船が使われたことが示されている。「送状」が添えられた送付であることから、運賃積みと考えるのが合理的だろう。伊豆大島

から伊豆半島に向けて航行したが、そこは外洋であり、押送船はそれを乗り切る性能を有していたことになる。旧暦の六月中旬で、梅雨明けの天候が安定する時季ではあったろうが、高い航海能力を備えた船であったことが推し量られる。不思議なのは、大島からは伊豆半島東岸のほうが距離的に近く、しかも前述のとおり公的な形で押送船の存在が確認されているのに、「御用」に際し、敢えて遠い西岸の、それも半島の付け根に近い内浦三津の船が、わざわざ駆り出されていることである。その謎を今解くことは出来ないが、これは、駿河湾岸の押送船の活動が、予想以上に活発なものであったことを示唆しているように思えてならないのである。

2　本務以外の活動

史料4～7は、魚輸送以外の用途に充てられた時の様子が記載されたものだが、これらから、押送船は広範な用途に使役されていたことが窺われる。

(1)難破船の事後処理

史料4・5は、遭難した船の事後処理に押送船が使用されたことを示すもので、場所は二通とも御前崎である。

〔史料4[28]〕

未不得貴意候得共、寒冷之砌、其御地弥御安弥（ママ）可被成候段珍重奉賀候、然者、此度摂州御影浦住栄丸兼蔵船、今月十日当浦おゐて及破船、其段御支配御役所へ御訴申上候所、御出役有之御糺之上、陸上之品、船頭へ御引渡相成候、右ニ付船具并水主手道具等、当村押送り弥五右衛門舟ニ積入差遣し候、入津之砌御受取御世話被下度奉願上候、尤水主両人遣し申候、同人共ゟ御受取可被成候、先者右申上度、以書中如此御座候

十月廿七日晩、井上重次郎殿代藤兵衛殿着

同廿八日晩、御影米屋善四郎殿代十兵衛殿

〔史料5〕[29]

覚

一　御用印　　弐本

右者英吉利国商船、其村沖合ニおゐて及沈船、異人共小船ニ乗移致上陸候に付、押送船弐艘ニ為乗組、神奈川表江差送候間、右御用印昼夜建置、船中不取締之儀無之様、入念同所江護送可被致候、以上

今川要作手附

安政四未　年十二月　　佐藤忠五郎印

榛原郡　地頭方村之内　御前崎　役人中

押送船は魚荷輸送を本務とするが、快速性能をかわれ、至急の時には人が乗ることもあって、[30]掲げた史料もその事例と見なされる。史料4は、今のところ駿河湾の押送船の史料としては年代的に一番早いが、注目すべきは、摂津の御影まで行くと書かれていることだろう。桜田が押送船の分布は東海地方までと指摘していることは前述したが、この史料からは押送船が大坂湾まで行く場合のあったことが知られる。ただ、桜田の指摘を踏まえるなら、畿内の者は、押送船を見ても受け入れることはしなかったのだろう。一方、たとえば内海船が遭難した時、史料4の記載と同じ処置が採られたとすると、これが伊勢湾・三河湾に押送船が伝えられるキッカケとなる事態は、伝播の経緯の可能性の一つとして、想定しても良いように思われるのである。

史料5からは、押送船に乗った外国人が居ることを知ることが出来る。幕末動乱期の一コマだが、緊急事態に際し、魚荷輸送ではないものの、駿河湾の押送船が本場の関東地方へ赴くことがあったことが示されているのである。

(2)その他

史料6・7は言わば「その他」である。

〔史料6〕[31]

一右元船江続候小船長八九間位、是者押送り仕立ニ仕、壱艘江六七人乗、此船江食物其外諸道具ヲ用意いたし候船ニ御座候、弥鯨打取候節者六七艘之船いつれも帆船ニ仕引船ニ相用申候

史料6は捕鯨の際に使われていたことを物語る。六、七艘が「元船」に従ったようだが、逃げる鯨を追いかける作業のため、やはり快速性能が評価されてのことだろう。船団のなかでの役割は二つあって、一つは陸上で言えば荷駄隊の業務である。今一つは、仕留めた鯨を全ての押送船が力を合わせて引いて行くことで、この時は帆を掛けて航行した。

〔史料7〕[32]

一村々廻船、又者押送舟を始、惣而江戸其外往来之節ニ其筋之御印鑑無之ものハたとへ無力町人等といへとも相対を以、乗舟為致間敷、漁師共へも申聞、万一欲情ニ走り多分之賃金を請、如何敷もの乗舟為致候ニおゐてハ船頭者勿論水主一同重科ニ可被仰付候

但船持処役人迄曲事之事

史料7は、沿岸各村にある押送船を、許可証を持たない者に提供してはならないとの通達である。明治改元まで二か月の近世最末期で、江戸開城がなされた後も、なお抵抗を続ける勢力の追討が行われていた時期であることから、かかる指示が出されたものと思われる。史料5と共に、激動の時代の波が押送船にも打ち寄せていたのを、窺わせる史料と言えるだろう。

全ての史料に関わる事柄として、表記上のことで注意しておかなければならないのは、「押送船」一つに統一されているわけではないことで、左記のとおり五種にも上っていることである。

押送船（舟）　史料3・5・7
小廻し押送り船　史料1
押送リ小廻し船　史料2
押送り弥五右衛門舟　史料4
押送り仕立　史料6

史料1・2・4・6で、このように書かれている理由は分からないが、奇異に映るのは史料1・2の「小廻し押送り船・押送リ小廻し船」である。というのは、前掲「船数書き上げ」（三三頁）に「小廻船」が挙げられているからだ。一覧では押送船と小廻船は分けて記されているが、史料1・2では二つを言わば合体させた表記が採られており、これが何を意味しているのかが気にかかるのである。

史料検討に際し、一覧から学ぶ事柄は更にあって、これに習い、筆者は当初村明細帳をはじめとする台帳の類のなかから「押送船」の姿を捜し出そうとしていた。ところが、何故か、伊豆半島西岸に限らず駿河湾岸の浦のそれらからは、「押送船」の表記は今のところ一例も見出すことが出来ないのである。たとえば、内浦三津に押送船があったのは史料3から確実なのだが、『沼津市史』史料編　漁村[33]に掲げられている三津の文化八年（一八一一）の「村差出写」には、五種の船が書き上げられているものの、「押送船」は見えていない。オーソドックスに考えれば、文化年間にはまだ存在しないから書かれていないということになる。押送船の活動域が駿河湾にまで広げられたのが認められるのは、現状では前述の「天保年間」が再確認されたこととなるのである。

おわりに

押送船が西へ伝えられて行く経緯を知る手続きとして、近世の駿河湾における所在状況を検討し、既述の結果を得た。その延長線上で見た導入年代には、三河湾と比べ、今のところ大きな差は表れていない。一方、活動形態は駿河湾では関東と同じく運賃積みであったと見なされ、同じ東海地方でありながら三河湾とは相違がある。ただ、筑紫敏夫の研究[34]によれば、元治二年（一八六五）三月に安房国の押送船が伊豆半島へ鮮魚の沖買に行っている。関東地方の押送船を運賃積みと一括りにすることは無理かもしれず、この問題は改めて考えてみる必要が有りそうである。

文字記録以外にも押送船の資料に接することが出来た。前掲『沼津市史』史料編 漁村の口絵21として、狩野川右岸に在った魚市場の昭和初期の写真が掲げられており、そのキャプションは接岸する船を「押送船であろう」としている。これは、川名登前掲書掲載の図[35]と比べてみるべきだろう。史料3の所蔵者である金指忠治氏宅には鑑札が伝えられているが（写真6）、これは金指家が近世から引き続き押送船に関わる仕事に従事していたことを示している。

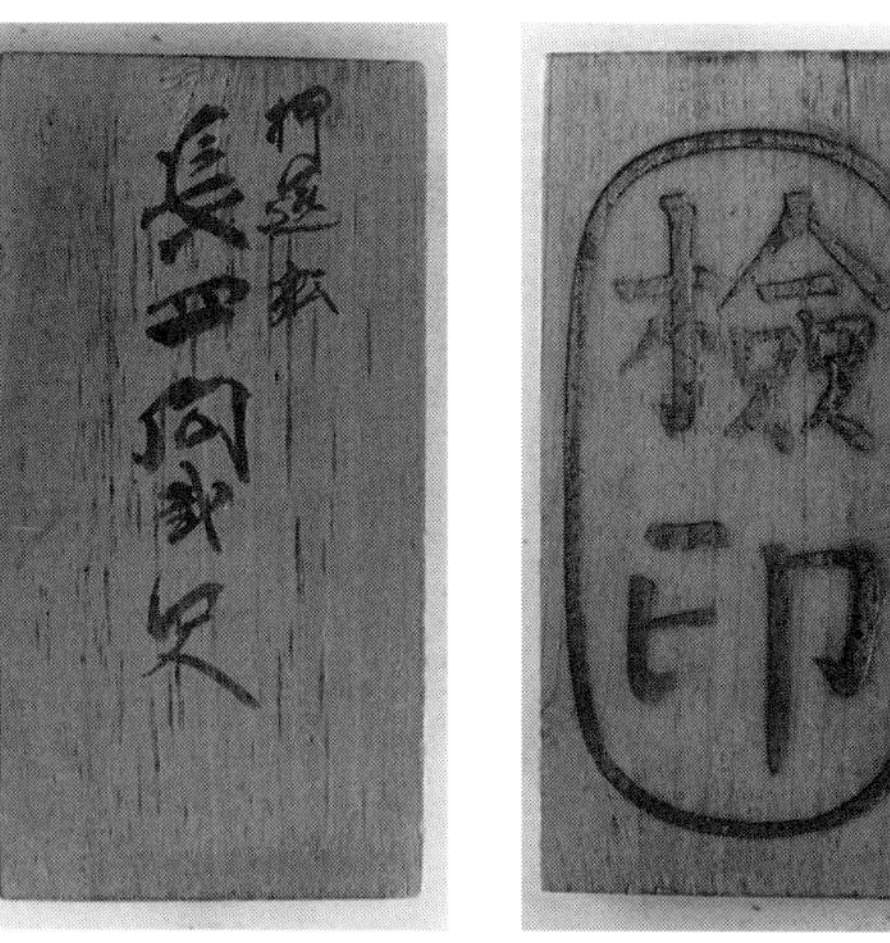

写真6　押送船の鑑札（金指忠治氏所蔵）

内浦よりやや北に位置する沼津市口野の足立実氏（大正十五年生）は、

昭和十年頃、浜にボロボロになった押送船が置かれていたが、実際に使われているのを見たことはないと語ってくれた。足立氏の祖父（慶応元年生）は、この船をハヤブネと呼んでいたが、祖父は「押送船」の呼称も知っていた。ハヤブネには大小があるが、押送船は大型に属するものだったという。ハヤブネは、『西伊豆町誌』が、近世、漁船に大型八丁櫓の早船が出現したと述べていることから、(36)明治以前から存在する呼称と判断される。ただし、どんな船を対象としているのか等、具体的なことは分からない。

以上を総合するならば、駿河湾の押送船は近代になっても活動していたが、それは昭和初年頃までであり、昭和二桁代になる頃には終焉を迎えていた、と言えるのである。その時期は、三河湾より二十年から三十年ほど早く、第二次世界大戦の前後に分かれるとの、大きな違いを持つものであった。

註

（1）桜田勝徳「改訂船名集」（『桜田勝徳著作集』第三巻、一九八〇年十月）一六二頁。
（2）愛知県教育委員会編『三河湾・伊勢湾漁撈習俗緊急調査報告』第Ⅱ集（一九六九年三月）。
（3）礒貝勇・津田豊彦『日本の民俗　愛知』（一九七三年十二月）。
（4）『田原町史』中巻（一九七五年三月）。
（5）本書第二章。
（6）『蒲郡市誌』（一九七四年四月）。
（7）村瀬正章『伊勢湾海運・流通史の研究』（二〇〇四年一月）。
（8）「差上申一札之事」『渥美町史』資料編下巻（一九八五年三月）、一四二頁。この史料は、年代が「享保五・安政六年」と併記され、干支が「庚子」であることから、享保五年のものである可能性もある。ただ、『渥美町史』がタイトルで「安政六年」としていることから、ここでは同書の判断に従うこととした。

(9)『渥美町史』歴史編上巻(一九九一年三月)三八〇頁。

(10)②は初出執筆時の見解で、今はこうは考えていないが、「はしがき」に述べたとおりの立場から、以下の文章は、②に基づく記述のままとなっている。

(11)『静岡県史』通史編3　近世1(一九九六年三月)。

(12)『静岡県史』通史編4　近世2(一九九七年三月)。

(13)『静岡県史』資料編23　民俗1(一九八九年三月)。

(14)『伊豆長岡町史』中巻(二〇〇〇年三月)。

(15)八木洋行「東海道の名物」(『民俗文化』一五号、二〇〇三年三月)。

(16)『西伊豆町誌』資料第四集　通史編(二〇〇〇年六月)一五九頁。

(17)『静岡県史』通史編4　近世2、二三五～二三六・二四五頁。

(18)増田廣實『商品流通と駄賃稼ぎ』(二〇〇五年四月)六二頁。

(19)『賀茂村誌』資料第二集　あらりのいるか漁編(二〇〇〇年三月)。

(20)『清水市史』中巻(一九六四年二月)四六五頁。

(21)『西伊豆町誌』資料第四集　通史編、一七三頁。

(22)「入置申一札之事」安政四年八月、安良里の鈴木代五郎から清水の鈴木平六に宛てたもの。『清水市史』資料　近世1(一九六六年三月)、六五七頁。

(23) 「入置申証文之事」文久元年五月十七日、同じく鈴木代五郎から鈴木平六に宛てたもの。『清水市史』資料 近世1、六五九頁。
(24) 『清水市史』資料 近世1、七三五頁。
(25) 『静岡県史』通史編4 近世2、一二三六～一二三七頁。
(26) 「送状之事」金指忠治氏所蔵 沼津市史編さん室寄託。
(27) 「水戸」は「三津」が正しい。「三津」で「みと」と読むため、書き間違えたものと思われる。
(28) 「御用留」天保十一年。御前崎の組頭徳左衛門が、摂州御影浦直乗船頭兼蔵船が十月に破船したことにつき、記したもの。『御前崎町史』資料編 近世(一)(一九九一年三月)、六三頁。
(29) 『御前崎町史』資料編 近世(一)、一一一頁。
(30) 石井謙治『和船』Ⅱ(一九九五年七月)一六七頁。
(31) 「鯨取方仕方製法書取」元治元年三月 静岡市長沼 『静岡県史』資料編11 近世3(一九九四年三月)、八四九頁。
(32) 「沿岸警備請書」慶応四年七月 『豆州内浦漁民史料』日本常民生活資料叢書 第十六巻(一九七二年十二月)、九六七頁。
(33) 『沼津市史』史料編 漁村(一九九九年三月)、二九五頁。
(34) 筑紫敏夫「押送船の活動範囲」(『千葉史学』四五号、二〇〇四年十一月)四～六頁。
(35) 川名登『近世日本の川船研究―近世河川水運史―』上(二〇〇三年十二月)四八四頁。
(36) 『西伊豆町誌』資料第四集 通史編、一七三頁。

第二章　渥美半島

はじめに

本章は、三河国渥美半島の魚交易伝承について、押送船（オショクリ）と呼ばれる魚買取船の活動を中心に、述べるものである。

筆者は、かつて西日本民俗文化圏の東端とされる志摩半島について調査を行ったが[1]、以来、伊勢湾口を挟んで対岸に在る渥美半島を、東日本民俗文化圏への橋渡しの地と認識するようになった。そこにおける魚交易の様相がどのようなものであったかを知ることは、庶民交易史の究明という自身の研究テーマを日本全体として見渡す際、非常に重要な課題と位置づけられるのである。

中世以前、渥美半島は、伊勢志摩から海を渡って東海道に達するルートの一部として、交通上、大切な役割を担っていた[2]。桐原健によれば、六世紀、畿内から信濃に至る道順は、飛鳥―津（松阪）―鳥羽―伊良湖―豊橋―伊那谷と続いたと想定されるというから[3]、街道の開発はかなり早い時代よりなされていたのが窺われよう。半島内で陸路と海路の接点となっていたのは伊良湖だが、ここは、若き日の柳田國男が、滞在中に浜に漂着した椰子の実を見た地として知られている（写真7）[4]。柳田は、この時、前近代的海上交通にとって海流が大きな要素となることを感じ取るのだが、

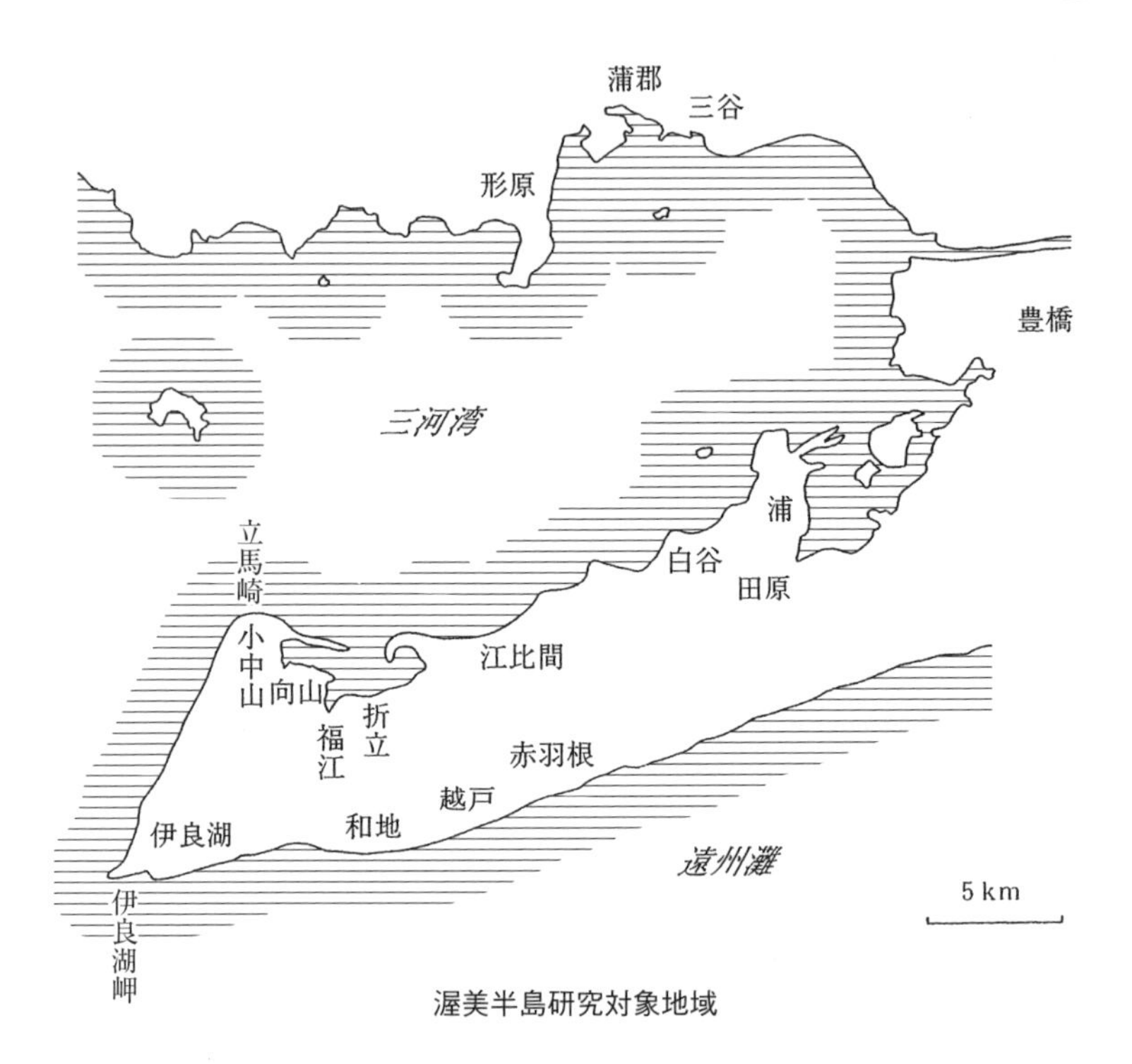

渥美半島研究対象地域

写真７　「椰子の実」歌碑(伊良湖)

半島の沖合は正に「海上の道」として海運が活発に展開されていた。(5)

かかる海運と繋がりの深い土地柄を反映するように、研究史整理のなかから、魚交易に密接に関わる存在として浮上してきたのが、押送船(オショクリ)なのである。しかし、管見の限りでは、その存在は認識されているものの、正面から取り上げた研究は見出されない。それが、これに焦点を据えて作業を進めることとした所以だが、彼らの活動域は半島の三河湾岸であった。(6)よって、専ら該当地に足を運んだが、現地では慣例的に、三河湾側を裏浜、遠州灘側を片浜もしくは表浜と呼んでいる。各自治体史の使用例を見ると、これは前近代からのことと判断されるので、本章もこの呼称を用いることとした。

本章は、一～三を「採訪録」、四・五を「考察」、という構成とした。基礎資料の提示は最も肝要なものであり、一～三でまずはそれを行おうというのである。四・五では、それらのなかから問題点を拾い出して私見を述べてみたが、自身の嗜好を押し出したものであり、データを生かしきれているのか心許なく思っている。

調査は裏浜に焦点を合わせて行ったが、その際、主題としたのは「漁師の魚の販売法」である。そのタイプを、今回は三通り確認することが出来たので、以下、各タイプごとに報告してゆくこととしたい。

一　出張販売＝田原町白谷

第一は、漁師が漁獲物を自ら買い手の所まで運ぶタイプである。これに関わる話は、田原町白谷(しらたに)の、齊竹敏一氏(昭和五年生)から聞くことが出来た。

白谷は、近世、田原藩領とされた田原城下の北西に位置する海村である。田原藩は、支配下の二四か村を、東方と西方の手永と称する行政区域に分け、東西の各手永に一名ずつの代官役を配置して支配を行ったが、白谷は西方手永に属していた。天保三年(一八三二)の『地方秘録』(崋山文庫蔵)には、白谷は、家数六七、人数三九二、舟数二〇、本田高三八石九斗三合、新田高四〇石五斗七升六合と、書き上げられている。(7)この数字からは、農業のみで生計を立てるのは難しく、漁業などを併せ行っていたことが窺われよう。

齊竹氏は白谷で生まれたが、子供の頃、村の戸数は七七戸であったという。小学校卒業後予科練となってここを離れたが、第二次世界大戦終了に伴い帰郷して漁師となり、現在、田原漁業協同組合の組合長を勤めている。齊竹家では、祖父の仲吉(8)が、若い時には海運業に従事し、紀州で木材を積んでは四国・九州方面へ運んでいた。祖父は、その後漁師に転じたが、父が病弱だったため、齊竹氏は祖父から漁のやり方を学んだのである。白谷では、昔は巻網によっていたが、やがて小型の定置網を使うようになった。定置網は朝だけ見に行けば良いから、昼間は農業に従事することが出来る。主な農作物は麦と甘薯で、米は自家用のみである。冬季などの漁に出られない日は薪拾い等の山仕事を行い、農閑期には田原鉱山へ働きに行った。農業は片手間との感覚だった。第二次大戦前から、かかる形で生活している人が多い。

白谷では春の彼岸過ぎから漁を始めるが、その頃やって来るコウナゴは地曳網で獲っていた。網を引き上げるのは朝方である。四月一日にはイカカゴを入れ六月まで続けるが、このイカを、大漁の時は漁舟にそのまま積んで三谷(みや)(蒲郡市)へ持って行き、市場で売っていた。田原へ行くには山道を越さなければならないが、三谷なら舟で直接行けるから、楽なのである。

漁舟は、網漁にはベカと呼ばれる手漕舟を用いたが、イカ・カニ漁の際は、ポンポン舟と呼ばれる動力舟を使っていた。これは、ベカでは速力が遅く、漁獲後、夕方までに三谷へ着くことが出来ないからである。捕らえたイカは、カンコと呼ばれる水槽に入れ、生かしたままで運んだが、この輸送法はイカシと呼ばれていた。カンコは、漁舟には必ずと言って良いほど装備され、魚の出し入れ口は、甲板の一角を三尺四方くらいに切って設けられている。海水は、舟底にあけた二つの穴から、出し入れするようになっていた。穴をあける際、角度のつけ方を互いに逆にすることにより、一方からは水が入り、もう一方からは出ていく仕組みになっているのである。二つの穴は、浜から出漁する時はセンボと呼ばれる栓で塞ぎ、水が入らないようにしておく。舟体重量を軽くし、速く進むためで、特に手漕舟はこうしておけばかなり楽に漕ぐことが出来た。

漁師が直接持ち込む売り先として、三谷は一番都合が良い所だが、行くのは、原則として、四つあるカンコが全て塞がるほど大漁の時である。三谷へ入港するのは夕方だから、港の休憩所で寝袋に入って休み、翌朝市場に出した。その後白谷へ戻ったが、この往復パターンは、祖父が帆船で行っていた時以来のものである。三河湾では、風が、朝は北から吹くのに対し、夕方は南から吹くからである。三谷へ行くのは、大漁の時だから誇りになるし、泊まるから町で遊ぶことも出来て、楽しみであった。魚を引き渡した後、カンコの水を抜くのは、帰港して舟を浜揚げする時である。かつては港が未整備で舟は浜に引き揚げていたが、その際、水が入ったままだと重くて作業に手間取るので、水抜きをしたのである。水揚げが少なく、三谷へ行かない時など、カンコに魚が入っていることもあるが、これは当然死んでしまうから、「イカシは浜まで」であった。

舟の浜揚げは、以下の要領で実行する。まずはシラボウと呼ばれる丸太を、何本も浜に敷き並べる。ベカには、舳先と後部に、網を架けるカンザシという突き出しが、両舷方向に向かって装着されているが、ここを四人で担いでシラボウに載せる。さらに、舳先に綱を掛け、これで併せ引くこともあった。舟底には、舳先直後から舟尾手前まで、両舷に沿ってスベリと呼ばれる角材が取り付けられている。スベリには鰯などの魚油を塗って滑らかにしてあるが、シラボウと接するのはここのみであるから、舟底やカンコの穴が傷むことはない。舟がシラボウに載ったところで、その上を滑らせ、引き揚げるようにしていた。浜揚げは人手を要するため、村人が互いに助け合って行ったものである。

齊竹氏は、小学校四年生の時（昭和十五年）から祖父の指導でベカを漕ぐようになり、浜揚げにも参加したが、昭和二十五年頃からベカにもエンジンが取り付けられるようになる。動力舟となったベカは、重くて人力による浜揚げが出来ないため、舳先に綱を掛け、カグラサンと呼ばれる巻き取り機を使って引き揚げるようになった。カグラサンはやがてウインチに替わったが、港が整備されて舟の停泊が可能になると、浜揚げは終焉を迎えるのである。

漁期になると、イカを白谷まで買い付けに来る者もあって、オショクリと呼ばれていた。オショクリは名古屋から来ており、この付近の者はやっていない。第二次大戦前まで来ていたから、齊竹氏もその姿は見たことがある。オショクリの舟は、漁舟よりは大きく、木造だがエンジン付きで、三人くらいが乗って来る。やはりカンコを装備していたが、途中でイキが悪くなることが多く、売値が安くなるため、漁師はオショクリにイカを渡すことを嫌っていた。

トラックが使えるようになると、運輸業者に依頼して、豊橋へ魚を持って行くようになる。この時は、村の者が二人ずつ、交替でサカナバンと呼ばれる付き添いを務めた。サカナバンは、魚を問屋に届けると仕切書をもらい、これを組合に届ける。夕方、魚を出した者達が仕切書を見に来るが、この時、大抵は酒盛りになった。やがて、田原の魚屋が引き取りに来てくれるようになると、彼らとの取引が増加する。買い付けに来た魚屋は、ナカシ（仲四）・マルツ（丸ツ）・カネホ・マルヤス（丸安）などである。白谷では、網の位置を、十五日ごとに変えることとしているが、新たに入れる場所は籤引で決めている。網の入れ替えに合わせ、漁師と魚屋との間で値決めを行った。網ごとに「ここはいくら」と申し合わせ、十五日間はその値段で取引するのである。途中で価格変更がなされるのは、大漁など特別な事態が生じた時に限られる。

魚屋は朝早く来ることが多いが、舟の浜揚げと重なると、カンコの水抜きと魚の引き渡しが同時に行われることとなる。魚は、その時はまだ生きているが、魚屋はトロバコに入れて行くから活魚として運ぶわけではない。自分で運ぶのが通例だが、量が多い時は運送業者に頼むようにする。魚屋は、小売りと問屋の両者を行うが、前者は田原で大衆魚を販売することである。後者としての相手は豊橋で、こちらの良い魚を売りに行ったり、無いものを買い付けてきたりしていた。

白谷の者は、魚を小売りで歩いたことは無い。ただ、他所から、ボテ・ボテフリ・フリウリなどと呼ばれる魚行商人が、第二次大戦前までは廻って来た。江比間もしくは伊川津の者ではないかと思われるが、全て男である。自転車に荷物を積んで、月に一回くらいはやって来た。魚は生で、季節のものを持って来たが、村の者は、自分達が獲らない魚を買って食べたものである。印象が強いのは秋刀魚で、齊竹氏は、彼らが「サンマ、サンマ」と大声で触れながら村内を売り歩いていたのを、記憶している。買った者は、代金をその場で支払っていた[10]。

二　海上における取引

第二は、漁師が、海上で、買い付けに来た業者に売るタイプである。売り手と買い手の双方の経験者に会うことが出来たので、1では前者の、2では後者の話を、それぞれ報告することとしたい。

1 売り手に関わる話＝渥美町江比間

売り手に関わる話を聞かせてくれたのは、渥美町江比間（えびま）の山内泉氏（大正四年生）である。同氏は江比間で生まれたが、十六、七歳頃（昭和六、七年）豊橋へ出て、その後、昭和十一年から二十年までは兵役に就いていた。それ以外は、ずっとここで暮らしている。山内氏が子供の頃、ここの者は主に農業を行い、漁業を併せ行ったのは二〇軒ほどで、漁業専従は五、六軒くらいだった。山内氏宅では、祖父ヨノサクの代から、農業を主としながらも、暇を見ては漁にも出るとの形を採っている。父ヨキチは、主に養蚕を行い、米は自家用分を作るくらいだった。

江比間は、関が原戦後しばらくは天領であったが、寛永五年（一六二八）に豊後日田藩領となった後、寛永十年に天領牛久保代官所支配、天和元年（一六八一）に鳥羽藩領、享保十一年（一七二六）に天領赤坂代官所支配、安永元年（一七七二）に遠州相良藩領、天明二年（一七八二）に上総大多喜藩領と、めまぐるしく支配者が入れ替わっている。天明五年に、旗本諏訪氏知行となってからは交替が無く、八十年間の同一者支配を受けて、明治維新を迎えた。宝暦十一年（一七六一）の『江比間村郷差出帳』には、高五八〇石余、田積三〇町余、畑地二四町余、家数二一一軒、人数九三七人と、書き上げられている。漁撈については、イナ・スズキ・アサリ・海藻類の名が見えるが、舟は、宝暦・天明・明治の史料に記されるのは「イサバ船三艘」である。明治二年（一八六九）の『村差出明細帳』によれば、押返船六艘・小漁船三一艘であった(11)。この記述および山内氏の話からは、農業を中心としながらも、それだけでは賄いきれず、漁業などを行い、補っていた所であるのが窺われよう。

山内氏は、小学校五年生の頃（大正十五年）から、父に連れられて漁に出た。江比間・宇津江の者は、中山から江比間にかけての沖でイカを獲ったが、盛漁期は四月である。使う舟はベカより大きく、長さ二〇尺×幅五、六尺くらいだった。二丁艪で、父と二人で漁場まで漕いで行く。中山の沖から西は潮の流れが速く、手漕舟では行かれない。イカ漁の際、イカをおびき寄せるために使う道具がボタである。ボタは、山から、ツツジの木を根ごと掘り取って組み合わせたもので、高さ二尺、太さは大人が抱えるくらいある。ボタは、春になると、漁をする者が協同で作るが、五〇～六〇個は必要なため、作業には一週間ほどを要した。四月初めに海へ入れるが、水深一〇～一五尋くらいの所に仕掛ける。ボタは海底に着地させるが、「浮き」として竹製ウケを水面に浮かせ、両者の間を綱で結んだ。イカは伊勢湾から三河湾内に入って回遊するが、その際、ボタとしたツツジの枝が産卵に適しているため、これが沈められている場所に近寄っては卵を産みつける。そこを狙って、長さ一五尋ほどの網ですくい上げるのである。

イカは、湾口に近い中山沖から獲れだすが、ボタを仕掛けてから実際に水揚げが出来るまでには数日かかった。水揚げの際は、江比間を朝出て終日沖で過ごすが、イカは潮が流れる時でないとかからないので、これを見計らって網を入れる。水揚げしたイカは、生かしたまま持ちかえるため、カンコに入れた。カンコは漁舟には必ず装備されているが、ヨツガンコと言って四つ設けられており、舟のバランスがとれるよう、漁獲物を適宜入れてゆく。海水の出し入れは舟底の穴を通じて行うが、ここには魚が逃げ出さぬよう網状の仕切りが嵌められている。また、水の出し入れを調節する栓も設けられていた。カンコは、出掛ける時は空にしておき、漁場に着いて初めて水を入れる。水を入れると、舟は二寸くらい沈み、漕ぐのが重くなった。

山内氏の父は、カレイも獲っている。漁期は四月から五月だが、六月にも行ったことがある。漁場は江比間の沖だが、秋には中山沖へ行き、田原方面にも出掛けて行った。カレイ漁も、山内氏が子供の時は手漕舟を使っている。漁としては、イカよりカレイのほうが難しい。カレイは「山で獲る」と言われ、沖合の舟から見た時、山がある決まった形になる所を心得ておき、そこで網を入れるのがコツとされた。カレイは、朝・昼・晩の一日三回獲れるが、その都度、浜との間を往復することはせず、舟上で次の時間帯を待つ。昼食は弁当である。獲ったカレイは、やはりカンコに入れて、生かしたまま持ち帰った。イカ・カレイの他に、山内氏は第二次大戦後からアナゴを獲るようになったが、漁期は夏である。

漁獲物は、イカ・カレイ共に船で買い付けに来る業者に売り渡す。この業者は、オショクリもしくはカイマルと呼ばれ、熱田や知多の大井から来ていた。彼らは、漁舟が帰港する前に、江比間の沖へやって来て待ち受ける。オショクリの船は漁舟より大きく、山内氏が子供の時から焼玉エンジン付であった。一パイ(隻)に二、三人が乗り組み、一、二ハイで来港する。オショクリは、その日に漁に出た江比間の漁舟の水揚げを殆ど買い取るが、価格は目方で決めていた。二ハイ来ている時は、漁舟が帰港する前に、互いに話し合いで買値を決めてしまうため、どちらかに高く売れるということは無い。魚を生かしたまま運ぶため、オショクリも船にカンコを装備しており、その数は漁舟より多かった。

生きた魚はイカシ、死んだ魚はシニと呼ばれるが、売値はイカシがシニの倍である。漁舟をオショクリの船に横付けし、漁師がカゴという網で魚を漁舟のカンコからすくい上げ、竿秤で目方を見た後、オショクリの船のカンコに移し変えた。オショクリは、網ですくった回数と目方を見ていて、買値を算出する。代金はその場でくれたが、大漁の時などオショクリの持ち合わせが底をつき、後払いとなることもある。オショクリに引き渡す順番が後になると、えてしてこうなりがちである。後払いとすることは口約束だが、目方を書いた紙をくれるから、それを基に精算した。オショクリが帰りを急ぐ時は、漁場へ直接やって来ることもある。そんな時は、漁獲と取引を並行して行った。帰港しても、時によってはオショクリが来ないことがあるが、その際は魚を籠[12](写真8)に入れ、海中に沈めて保管する。籠は杉の丸太などに結び付けるが、丸太は潮で漂うことはあるものの、錨で固定されているから流されてしまうことは無い。錨綱は、丸太の端に結わえ付けた。場所は少し沖合で、水面下一尋くらいの所へ沈めるようにする。この魚は翌日以降に売るが、籠の中で泳ぐため、すれて魚体が痛み、価格は安くなった。

　オショクリは第二次大戦後も来ていたが、漁舟がエンジン付になると、漁師が自ら魚を三谷へ持って行くようになる。昔、オショクリが来るのを待ったのは、手漕舟では三谷まで行くのが大変だったからである。

　山内氏が子供の頃は港が未整備で、漁を終えた舟は浜に引き揚げていた。引き揚げは当日漁に出た者が全員で行うから、全ての舟が帰港するまで帰宅することは出来ない。引き揚げの際は、波打ち際にシラと呼ばれる松の丸太を線路の枕木のように並べる。舟の中央と艫のロドコに綱を架けて引っ張るが、両舷に沿って舟底に付けられている二本のスベリを、シラの上に載せるよう行うのが手順とされた。舟底を傷めず、引き揚げるための措置である。スベリは、切り口が逆三角形の角材だが、ある程度すり減れば、新しいものと交換するようにした。

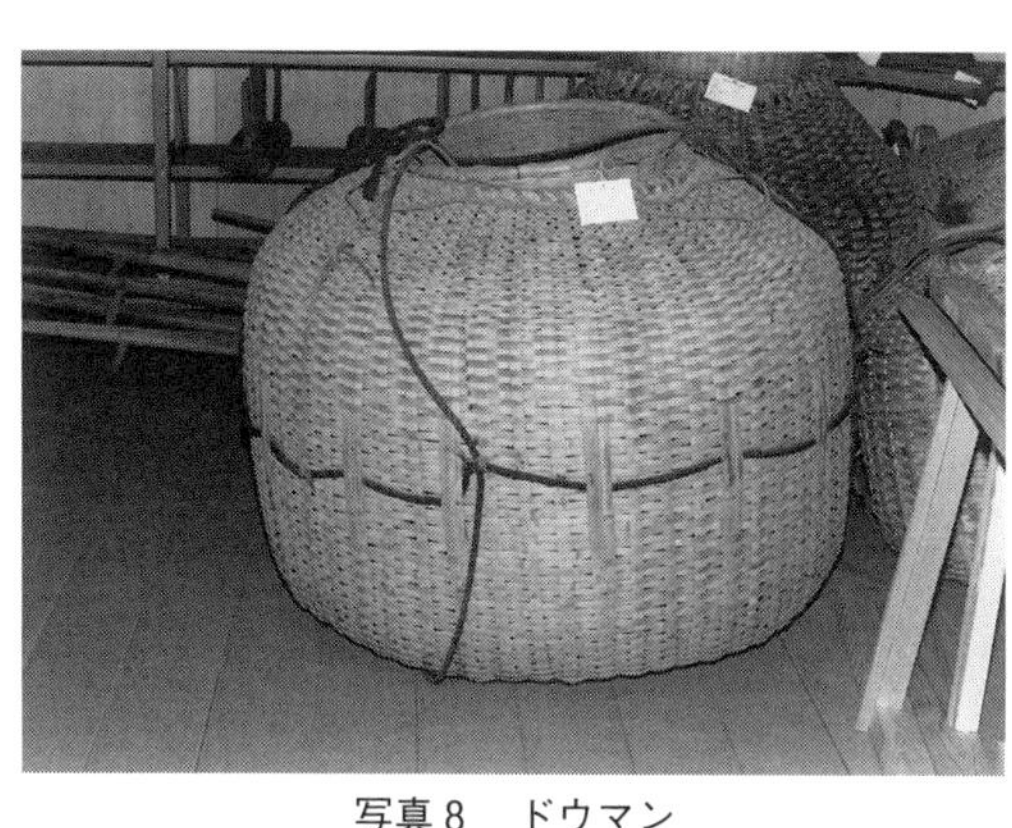
写真８　ドウマン

　山内氏は、ボテフリと呼ばれる行商人に漁獲物を売ったことは無いと言う。彼らは、地曳き網をする者から専らアジ・サバ・イワシなどを購入し、イカやカレイを買うことはないからである。ボテフリは江比間にも居たが、赤羽根方面の者がこの村にも売りに来ている。山内氏が入営する時（昭和十一年）までは、魚を籠に入れ、イナッテ来た[13]。昼前後に来ていたが、地曳き網の水揚げが有れば来る、という具合である。山内氏宅でも、自家用の魚はボテフリから買っていた。

2 買い手の話＝渥美町向山

買い手に関わる話を聞かせてくれたのは、渥美町向山（むかいやま）の坂本登氏（昭和四年生）である。同氏は向山で生まれたが、子供の頃、ここは農業を主とする者が多く、なかでも養蚕に力を入れていた。漁業も行ったが、片手間に海苔やアサリを採取したくらいである。坂本氏自身、成人後もこの形を実践してきたが、磯仕事に出る際は手漕舟を使っていた。

向山は新田村で、畠村から分立が認められたのは宝永四年（一七〇七）のことである。新田開発がなされたのは延宝元年（一六七三）から二年にかけてだが、天和二年（一六八二）には家数八軒・人数四一人であった。分立時の領主は大垣新田藩戸田氏で、畠村陣屋支配地とされたが、以後一度も支配者が交替することは無く、明治維新に至っている。文政十二年（一八二九）の『向山村指出シ帳』によれば家数三六軒・人数二一〇人だが、村高は『天保郷帳』で六一四石一斗二升一合であった。『向山村指出シ帳』には「塩浜壱町壱反壱畝歩」と記され、製塩も行われていたことが知られる。[14] この記述および坂本氏の話からは、向山は海村ではあるが、漁業に重きを置くことは無く、農業を主産業としてきた所であるのが窺われよう。

本格的な漁業を行うことは無かったが、坂本氏は、昭和二十年から二十六年にかけ、船を使う仕事に従事していた。当時、伊勢湾・三河湾で水揚げされた片口鰯を漁師から海上で買い取って、富田（四日市）の加工場へ運ぶカイマルと呼ばれる業者が居たが、坂本氏はその船の機関士をしていたのである。カイマルの活動期は、七、八月から翌年三、四月にかけてであった。向山には、坂本氏が子供の時にもカイマルが在って、父の姉（片山スミ）の婚家がやっていたのを見聞きしている。スミには子供が一一人居たが、切り回していたのは長男喜四郎である。

喜四郎は海軍軍人で、カイマルには三〇馬力エンジン付の船を使っている。第二次大戦前は無動力船が一般的ななか、この船は向山唯一の動力船であった。ちなみに、無動力船には手漕ぎと帆掛けが有り、前者はベカと呼ばれる長さ三〜三・五間×幅四尺のもの、後者はウタセと呼ばれる長さ五間×幅六尺のもの、である。両者共、漁に用い、カイマルには使っていない。「カイマル」とは、業者や業務内容のみでなく、使う船も指す言葉で、片山のカイマル船は、初めは一パイ(隻)だったが、昭和二十一年頃から二ハイとなる。一パイの乗組員は四、五人で、喜四郎は兄弟が多数居たから、当初はそれで賄うことが出来たが、船が増えると人数が足りず、人を雇うようになった。喜四郎は、主に伊勢方面で魚を買い付けていたようである。[15]

坂本氏が乗り組んだ片山のカイマルは金喜丸と言い、長さ六五〜七〇尺×幅一二尺×高さ五、六尺ほどで、七五馬力の焼玉エンジンを装備していた。単にベカやウタセより大きいというだけでなく、木造船ではあるものの、構造が和船とは異なっている。船足が速く、坂本氏が乗っている時、他の船に抜かれたことは無いと言う。カイマルには、イカシ(活魚)を運ぶイカシガイマルと、そうでないものとが有った。金喜丸は後者で、巾着網で漁獲し、加工用や鰻の餌に使うイワシを、専ら買い付けている。また、カイマルは漁船との関係でも二つのタイプに分かれ、アミと呼ばれ決まった船の魚を主に買い付けるものをツキガイマル、決まった船を持たないものをフリガイマルと言った。金喜丸は前者で、アミは知多の豊浜の大漁丸である。エンジン付であったが、大漁丸に限らず、漁船は、水揚げした魚を一時的に積み込む、長さ三〇尺×幅七尺ほどのテブネを伴って出漁した。

金喜丸は、大漁丸がその日漁をしている所へ買い付けに行くわけだが、まずは「昨日はあの辺だったから、今日はこの辺だろう」と検討をつけて出発する。海上に出ると他のカイマルと擦れ違うが、そのなかには「御前のアミは今日は〇〇に居るぞ」と教えてくれるものがいるから、その時はそこへ直行するのである。海上では、互いに助け合うのが当然とされたから、金喜丸が他のカイマルに情報を教えてやることもあった。相手が顔見知りではない時でも、分かることは教えてやったものである。

漁場に着くと、テブネから水切りの出来る一斗桶で魚をすくいあげては、カイマルへ移しかえる。大漁丸にはツキガイマルが数隻有ったから、水揚げ量が少ない時は、それらに適宜振り分けて積み込むようにする。ツキガイマルの場合、値決め・決済共に後日行うが、支払い金額は、一杯幾らを基に、移しかえた数を乗じて算出した。一方、積み残しの魚などを目当てに来るフリガイマルは、オキネと言って値決めはその場でしたが、決済をするのはやはり後日である。決めた金額は口約束だが、これを守らない者は「あの人は約束を守らない」と触れて廻られ、以降の取引が出来なくなる。なお、ツキガイマルの何れも、これを守らない者は「あの人は約束を守らない」と触れて廻られ、以降の取引が出来なくなる。なお、ツキガイマルは、一旦決めた価格が、後でオキネより高いと分かっても、これを変更することは出来ない。また、テブネからカイマルへ移しかえた数は、普通は計数をするが、大漁で次の網を上げるため早くテブネを空けたい時など、メッソウ(16)と言って丼勘定としてしまうこともあった。

カイマルは、買い取った魚は氷で冷やしながら運んだが、これは第二次大戦前からのことである。カイマルは、魚種によっては運賃積みをしたこともあるが、自分達は買い積み業者であるとの意識が強いから、搬入先も、指定された所へ行くよりは、魚を一旦自分のものとしたうえ、自らの意思で決めることが多かった。金喜丸は、魚種によって入港先を決めており、鰯・片口鰯は富田へ持ち込んで、決まった水産加工業者に引き渡す。加工場は向山にも有ったから、そのまま持ち帰って来たこともある。加工場は戦前にも有ったが、戦後数が増え、村の女達が働きに行ったものである。ボラが獲れれば、三谷へ持って行った。朝市にかけるが、売値は当日の相場で決められる。それでも、セリコに「オキネは○○だ」くらいのことは耳打ちをした。

カイマルは、一度出港すると、十日くらい帰れないこともある。アミと水揚げ港の間をトンボ返りすることを継続しなければならないことがあるからだ。食料は、一定量を積み込むが、そのような時は途中で適宜補充する。飯は船に作り付けの竈で炊き、お菜の魚はテブネから貰っていた。着替えも持つが、夜は最寄りの港へ停泊するから、近く

写真９　免々田川河口付近

の銭湯へ行った際などに替えるようにする。寝所は、シタヤと呼ばれる畳か筵を敷いた所だが、広さが二畳ほどしか無く、四、五人が横になるには窮屈なため、他の場所で寝る者も居た。冬でも、一定の水深がある所なら、船中はさほど寒くない。しかし、船底に接する水量が少ない場所では、冷え込みを感じたものである。

カイマルは、伊勢湾・三河湾一帯に居り、渥美町域の数は二〇前後だが、一番多かったのは小中山で、向山の者も戦前から従事していた。坂本氏が子供の時は港湾施設は未だ未整備で、船は沖へ泊め、伝馬船で浜との間を往来したのである。台風の際など、ベカは浜へ引き揚げたが、カイマル船は免々田川の河口付近（写真９）に繋留するようにした。オショクリという言葉も知っているが、坂本氏が子供の頃、老人はカイマル＝オショクリで言っていたように記憶していると言う。

三　浜における取引

第三は、漁師が、浜で、買い付けに来た業者に売るタイプである。売り手と買い手の双方の経験者に会うことが出来たので、1では前者の、2では後者の話を、それぞれ報告することとしたい。

1　売り手の話＝渥美町小中山

売り手に関わる話を聞かせてくれたのは、渥美町小中山（こなかやま）の小川猶作氏（大正十三年生）である。小川氏は、小中山で生まれたが、昭和十九年九月に兵役に就き、昭和二十年九月に復員した。それ以外はここから離れたことは無い。小川家は祖父・父と三代続く地曳網の網元である。小川氏が子供の頃は、農業よりも漁業に携わる者のほうが多かった。

小中山は、近世、地域内では、現在同様、中山とは別けて認識されていたが、知行村名としては中山村に組み入れられていた。中山は、関が原戦後しばらくは天領であったが、寛永二年（一六二五）に旗本清水氏の知行地となり、以後一度も支配者が交替すること無く明治維新に至っている。中山陣屋は中山字成美に設置され、西堀切村・高木村を併せ支配していた。中山には家数・人数を記した史料が残されていないが、享保年間（一七一六〜三六）には、おおよそ六〇〇軒・三〇〇〇人前後であったと推計されている。村高は、『元禄郷帳』では四二一〇石であったものが、『天保郷帳』では二三四一石と大幅に増加している。近世中期以降、農業生産が活発化したことが窺われるが、漁業も盛んだったようで、慶長五年（一六〇〇）の史料には「網九帖」と見えている。[17] また、第二次大戦前まで、小中山漁港（福江港）は、豊浜・三谷と共に、愛知県下の三大漁港と言われていた。[18] これらの記述および小川氏の話からは、小中山は、大規模な形で漁業が展開されてきた所であることが、予想されるのである。

小川氏は、小中山では専ら地曳網を行い、沖合へ出漁したことは無い。網を入れることが出来たのは、立馬崎から西浜の中間地点までである。そこから南は、中山の者が網入れをする所とされていた。地曳網を行う浜の沖合二〇〇メートル程までは、漁業権が認められているため、他所の漁船の立ち入りは厳禁である。小川氏宅では、二つの網を使って漁を行った。獲れる魚は時季によって異なるが、漁を始めるのは三月下旬で、サイロアミと言ってサヨリを獲る。四月中旬から五月下旬頃はコウナゴが主となるが、これ専用の網があった。大漁で、加工しきれない時は、砂浜で干してホシカ（肥料）とする。六〜八月は、コックリアミと言って専ら夜に漁を行い、水揚げしたのはアジ・サバ・コノシロなどである。盆以降、十二月までは秋網となるが、漁獲したのは、片口鰯・イナ（ボラの子）・キンカワ（セッパとも言う）・ワラサ（鰤の小さいもの）等だった。冬は魚が来ないため、一〜三月は休漁とするが、この間は網の修理などをして過ごしたものである。地曳網は、昭和三十四年の伊勢湾台風によって壊滅、それ以降は貝類を採取するのみとなった。

網元の下で働く者はアンゴと呼ばれたが、網を入れる時は、彼らがジビキブネに乗って海へ漕ぎ出して行く。ジビキブネは四丁艪で、一丁の艪を二人で漕いだから、漕ぎ手は八人必要である。アンゴの代表はセンドウと言い、漕ぎ手を務めることも皆無ではないが、むしろ浜で指揮をとることが多い。一つの網には、二〇人のアンゴが必要であるとされていた。最盛期には網が五三も有ったから、アンゴを必要数確保するのが大変で、引き留め策を講じたものである。その一つが、シイレと言って、金を用立ててやることであった。シイレを、生活費の足しにする者はまだ良いが、なかには賭け事で損した分の穴埋めにする者も居る。こういう者に限って腕は良く、貸し渋りをしようものなら、他の網元へ逃げられてしまう。アンゴの賃金はアタリと言うが、ここからシイレを差し引くことは出来ず、返金してくるのを待つのみである。しかも、シイレは無利息であった。

漁獲物は、鮮魚のまま出荷するものと、煮干などに加工してから出荷するものとがあり、加工場は網元が持っている。取引する商人は、それぞれ異なっていた。加工品の出荷先は遠方で、福江の丘村運送のトラックで運んだものである。

鮮魚の取引相手は、小中山の森陸・川松、中山の大和屋、福江の山吉・丸ト等の魚屋であった。魚屋は買い付けた魚の小売りと送付の二つの業務を行ったが、送付のみを行う者もあってオクリシと呼ばれ、大和屋と丸トがこれに当たる。魚屋は、網に魚が入ったことを知るとやって来るが、小川氏が子供の頃は、彼らと漁師が相対で交渉をした。漁師側で商談を担当するのは、網元とセンドウである。この時、魚屋のなかには、アンゴに酒を振る舞うなどして、機嫌を取る者もあった。取引の際は、一斗桶で魚介類を計量する。一斗桶に魚を入れられるだけ入れ、上に盛り上がっても、こぼれ落ちなければそれでイッパイ(一杯)と見なし、重量は問わなかった。

魚屋は、送付の場合、三谷(写真10)・形原・大浜(碧南市)などに送ったが、輸送には船を使う。船は、流し網で車海老などを獲るものが、当時漁船としては珍しいエンジン付であったから、これを漁師から借りたのである。この船は一斗桶五〇〇杯分くらいを積めたが、当時は港が未整備であったので、海底に錨を下ろすと、砂上に乗り上げるようにして浜に付けた。積み込みはアンゴが行うが、地曳網であるから、魚は全て死んでいる。魚は、タモと呼ばれる網ですくい上げては、一斗桶に入れて計量をした後、カワべと呼ばれる二斗半入りの籠に移しかえ、船に運び込んだ。カワべは、竹製で正月に籠屋に作ってもらうが、紐が付いており、イナウ[19]ことも出来る。魚は、水を張ったカンコに入れるが、更に古田(こだ)で氷を入れて冷水とした。

代金は、まず一杯いくらと決め、これに一斗桶で計った回数を乗じて算出する。この際、魚屋は「前回は損をした

写真10　三谷漁港

から負けてくれ」と言うのが決まり文句だった。決済は半年ごとに行うが、オクリシの船が難破でもすると、漁師もアオリを受け、その分の代金が丸損になってしまうこともある。決済が半年ごとなので、アタリの支給も半年ごとが原則だが、祭りなど出費が嵩む時は一部を内金として渡すこともあった。アンゴが二〇人居る場合、受け取った代金から各人への分配額は、次のように算出する。まず必要経費を差し引き、残金の三割三分を網元が貰う。そして、センドウをヒトクチハン（一・五人前）と見なし、計二二人で残った六割七分を割って、分けるのである。アンゴは、当日の一斗桶の計量数から、その日の自分の取り分をおおむね承知していたが、通例代金一円ならこれは三銭と言われていた。多忙な時は、子供を手伝いに連れてくるアンゴも居たが、アタリは子供にも同額が支給される。それは不公平だと言う者も無いではなかったが、その子が大人になる頃は、今の大人は老人となって助けてもらうこともあるからと長い目で見て、互いに納得している場合が多かった。特に目ざましい働きをした者には、ホネオリと言って、網元が自身の取り分のなかから心付をすることもあったものである。

鮮魚は、ボテと呼ばれる行商人にも売っていた。ボテは、小中山・中山にも居たが、これが仕事だから、福江のような漁村ではない所にも居て、買い付けにやって来る。逆に、良い魚を求めて、ここのボテが赤羽根方面へ行くこともあった。お互い様というわけで、セケン(他所)のボテが売買に来ても、地元のボテがこれを排斥することは無い。ボテには、女も居たが、圧倒的に男が多い。小中山では二〇人ほどを知っているが、ボテに従事したのは小川氏と同世代くらいまでの者である。

ボテは、浜のナヤと呼ばれる所で将棋を指すなどしながら待っており、「網が上がった」との知らせが入るとそこへ飛んで行く。ボテは、値は高く付けてくれるが、量は一斗桶一杯半ほどと限られていた。一方、オクリシにボテが残したものを同額で売ることは出来ないが、量は多く買ってくれる。オクリシが居なければ、漁師業は成り立たない。とは言うものの、オクリシも、水揚げ量が少ない時は、漁師がボテに売りたがるのは心得ており、「今日はボテサン行きだな」と言って、引き上げてしまうこともあった。ボテは、魚をボテバコに入れて売り歩く。ボテバコは檜製の立派なもので、指物師に作ってもらう。男は、江比間など遠方まで行くから、自転車にボテバコを三つくらい重ね積みしたが、女は自村内を回るだけなので、天秤棒に吊り下げて行った。「ボテは漁師ドコでなければ駄目だ」と言われ、農村よりは漁村のほうが良く売れる。漁村の者は魚の味を知っているから、売りに行けば大抵買ってくれるのである。

小中山の者もそれは同じで、網が上がると、程なくボテが「アジー」などと呼び歩きながら、次々にやって来る。そのなかから、各自が一番良いと思う人から買うのである。自分の村で水揚げが無い日に、セケンのボテが声を張り上げて来れば、「ボテサンが来た」と言って外に飛び出した。ボテは、一定時間を過ぎると、魚の腹が割けて売り物になならなくなるから、如何に短い時間で売り切るかが肝要である。仕入価格の倍に売れればオリ、三倍に売れればミツオリと言った[20]。

2 買い手の話＝渥美町福江

買い手に関わる話を聞かせてくれたのは、渥美町福江（ふくえ）の小川利弘氏（昭和十二年生）である。利弘氏は福江の生まれだが、家は、父（作吉・明治四十四年生）の代から今に至るまで、魚屋を営んでいる。屋号は「山吉」で、小中山の小川猶作氏が取引相手として山吉の名前を挙げたのは、前述のとおりである。

福江は、近世には畠村と呼ばれていたが、関が原戦後しばらくの間は天領であった。元和元年（一六一五）、旗本間宮氏に宛がわれるが、元和五年には旗本戸田氏の知行地となる。元禄元年（一六八八）の大垣新田藩の成立に伴い、その藩領地となるが、以後は一度も支配者が替わることなく明治維新を迎えた。大垣新田藩は、三河国の支配地一一か村を、畠村に置いた陣屋で取り仕切った。福江の城坂の坂道を上りきった所が陣屋跡である。家数・人数は、享保十四年（一七二九）が二二四軒・九九八人と、村差出帳に見えており、これが最多である。村高は、近世初期には五九七石であったものが、『天保郷帳』では一二〇七石と倍以上に増加した。畠村は、湊河岸の商店街の辺り、陣屋・武家屋敷のある所、周辺の百姓集落の、三つに分けられる村である。生業は、農業を中心としながらも、海運や商業に従事する者も相当数あって、物資集散地となっていたと推定される[21]。この記述から、福江には、近世以来、消費物資の一定の需要があって、山吉のような店持ち鮮魚商の成立が可能とされたことが、窺われるのである。

利弘氏の父作吉は、山吉のホンヤ（本家）である魚梅の末子として、福江で生まれた。魚梅は、作吉の父の代からの魚屋である。作吉が成長する頃には長兄が家業を営んでいたが、作吉は学校を卒業すると、豊橋のヤマサ竹輪へ奉公に行った。ヤマサの店は魚町の隣に在ったから、作吉はそこの市場で修業を積んだのである。[22] 年季が明けると福江に戻り、直ちに自分の店を開業した。当時は、鮮魚と練製品の両方を取り扱っていた。作吉はその後、結婚するが、第二次大戦中兵役に就いている間は、妻が店を守っていた。ただ、練製品はヤマサに肩代わりしてもらっている。作吉は復員後、魚屋に復帰するが、その頃から利弘氏は父のお供で魚の買い付けに行くようになった。買い付けに行く先は、小中山や赤羽根町の越戸・若見・池尻などであるが、最も頻繁に通ったのは越戸で、良い魚は裏浜より表浜で多く獲れたからである。[23] 父と、それぞれ自転車にトロバコを積んで出掛けたが、福江—大坂—和地—越戸の道順で、越戸では山西・山原の二人の地曳網の網元と取引をした。

地曳網には、沖合に掛けるオキジビキと、浜の近くに掛けるタカの二種が有る。その日の海の様子で、どちらかを入れるが、決定は次のようにした。海岸背部の小高い所に、ホウベと呼ばれる海を見渡す場所が在るが、ここには模様を眺める者が常駐している。それに基づき、夜明け頃、当日入れる網を決めるのである。水揚げの時刻は網によって異なり、タカは午前十時頃だが、オキジビキは午後三時頃となる。魚屋は、それに合わせて買い付けに行った。予め、どこでどの網を入れているか、知っていなければならないが、朝天気が良ければ漁をするのが通例だから、まずは表浜に向かって出発する。道中、表浜方面から来た人に出会った際、様子を尋ねると、おおよそのところは知ることが出来た。魚屋の組合には電話が有ったから、網元のところへかけて教えてもらったこともある。一つの浜で魚を必要量を確保出来ないこともあって、そんな時は福江といくつかの浜との間を行ったり来たりしなければならなかった。

地曳網を入れる場所をアジアンバと言うが、利弘氏は実際に網を浜に引き上げる様子を見たことがある。オキジビキの場合、網舟で沖に網を掛けるが、網の両端には引綱が付いており、この二本の綱を浜に置いた二つの巻取機で引っ張るのである。巻取機の周囲を回って回転させるのは牛だった。一つの巻取機を牛が三頭くらいで回したが、巻き取る速度は、網舟に乗った者が網のなかの様子を見ては指示を出すので、それに従い調節する。網が浜に近づくと、巻取機を使うのを止め、引綱を牛と人が一緒に引いて網を浜に上げた。オキジビキで獲れたのは、アカダイ・イサキ・サワラ・アジ・サバ・イナダ・ブリなどである。水揚げした魚は、マルカゴと呼ばれる竹籠に入れ、天秤棒で担って網元のナヤ（加工場）へ運び込む。

マルカゴは、二貫目入れほどの竹籠で、網元の備品である。網元が魚を入れたマルカゴを並べると、これを見て魚屋が入札をした。魚屋は、浜で平たい石や木片を拾っておき、これに鉛筆で金額を書き込んで、裏返しで希望の魚の前に置いてゆく[24]。網元は、一枚ずつそれを引っ繰り返して確認し、最も高い値段を付けた者に引き渡す。魚屋は、入手した魚は、マルカゴから自分のトロバコへ移していった。決済は、その場で行うようにする。利弘氏が、浜へ直接買い付けに行ったのは、高校入学の頃（昭和二十七年）までである。その後しばらくは漁師の方から持ち込んで来たが、昭和四十年に伊良湖に市場が出来るとそこへ買いに行くようになった。

店へ買いに来るのは、主に料理屋や旅館の者である。一般の消費者は、ボテと呼ばれる行商人から買うことが多かった。ボテは、福江にも居たが、数が多かったのは小中山で、一二、三人は知っている。ボテも浜へは行くが、経済統制が行われているうちは、入札をすることは認められなかった。特定の魚屋に付いている者が多く、そこから仕入れたものである。代金は、その場で払うようにしていた[25]。

四　押送船（オショクリ）

訪れた所で、目当てのオショクリ（カイマル）が見出されたのは、白谷・江比間・向山の三か所である。

1　歴史的背景

オショクリについては、前述のとおり、『三河湾・伊勢湾漁撈習俗緊急調査報告』第Ⅱ集・『日本の民俗　愛知』[26][27]・『田原町史』中巻等、民俗学系の文献を中心に、存在が確認されている。その内容は、三河湾・伊勢湾で漁師から魚を買いつけに廻る船、というもので、筆者が聞きえたことと全く同じである。昭和三十年頃まで見られたとする記述[28]も共通で、二十一世紀初頭において、なお民俗として採集するのが可能であったと考えられる。一方、その由来について記した歴史学系の文献は、必ずしも多くない。管見の限りでは、『蒲郡市誌』が、「幕末の形原村には七十〜八十隻の船があったようだが、そのなかには「おしょくり」の別称を持つ買船（買廻り船）も二十隻前後含まれている。買船は渥美方面に買いに出たこともあった」と記すのみである。[29]ただ、この記述は、オショクリが前近代から渥美半島周辺でも活動していたことを、匂わせている。裏付けを取りたいところだが、安政六年（一八五九）十月、尾州師崎の船が伊良湖岬のすぐ東の日出海岸（写真11）で難破した際の史料には、「押送船」の語が記載されている。[30]また、江比間の明治二年（一八六九）の「村差出明細帳」には「押返船六艘」が見えるというが、[31]これは押送船であると考えられなくもない。船で漁師から魚を買い廻る行為は、近世にまで遡りうる可能性が高いと判断されるのである。

とは言うものの、直ちにこれを前提として作業を始めることには、若干の躊躇が有る。註（22）に記したとおり、渥美半島の漁獲物集散地となっている吉田の魚市場は、近世、藩主から売買特権を与えられており、押送船のような市

写真11　日出海岸

場を通さない形での取引が成立しえたのか、という疑問が存するからである。筆者は、その民俗が前近代からの継承であるとするに際しては、該当時代の支配との関係を考慮してかかる必要がある、との立場を取る者であるから[32]、まずはこの点につき言及をしておこう。

結果から言えば、右記の躊躇は解消されたのだが、それは、伊村吉秀の吉田魚市に関わる一連の研究[33]を学ぶことによってである。伊村は、まず魚市開設の時期について、今川義元の支配期とする通説より早い、十五世紀末説を提示する[34]。次いで、十九世紀前半に問屋と村方の間で起きた紛争を分析しているが、両者の争点は、正に魚の販売を問屋を通して行うか否かをめぐって、というものであった。詳細な考察がなされ、問屋による利権独占は容易に実現することは無かったと結論づけているが[35]、筆者の立場から注目されたのは、村方が「裏浜で漁獲されたものの自由販売」を主張していることである。

その根拠とされたのは、慶長六年（一六〇一）の伊奈忠次墨付で、魚市が販売権を得たのは表浜のみであって裏浜は含まれない、ということである。[36] もしも村方側の主張どおりであるとするならば、裏浜では「自由販売が慣行」とされてきたことになる。実際、『田原町史』[37]・『渥美町史』[38] 共に、「吉田の問屋が扱うのは片浜十三里の漁獲物」とのニュアンスで書かれており、裏浜が念頭に置かれているようには見られない。何故問屋は当初表浜のみに利権を求めたのか、という点については良く分からないが、福江の小川利弘氏の話が一つのヒントになると思う。それは、良い魚は表浜で獲れたから、ということである。裏を返せば、裏浜側は目こぼしされやすい環境に在った＝統制を免れていた、との図式が成り立つことになる。

その図式を問屋側が変更しようとしたことが争いの原因ということになるが、問屋が統制を加えようとしたのは陸路による販売のみではなかった。文化十三年(一八一六)の藩への願書には、船による直買も差し止めてほしい、と書かれているのである。[39] 水陸両面で利権独占を狙っていたことが窺われるが、これはすなわち、当時、裏浜において、船による魚の買い付け行為が一定規模で行われていたことを想定するのに十分である、と言いうることになる。その船が、押送船であった可能性が浮上してくるのである。民俗として確認されるオショクリを、近世以来の継続との視点で検討することには、一定の意義が有ると言いうるだろう。

2 先行研究再読

「はしがき」で述べたことを復習するならば、近世水運史研究において、押送船が盛んに活動した所として取り上げられるのは、江戸湾およびその周辺である。安政元年(一八五四)、下総東葛西領笹ケ崎村の史料[40]からは、当時江戸湾北部で押送船が一般的な存在であったことが窺われる。

押送船の概要については、桜田勝徳[41]・石井謙治[42]・西川武臣[43]の各氏の研究によって知ることが出来る。

桜田によれば、安房では享保五年（一七二〇）の史料にその名が見えるといい、起源は近世中期以前と考えられる。桜田は、民俗としての分布は、江戸湾周辺のみでなく東海地方にも及ぶが、上方には見出されないと、述べている。東海地方にも在るとの指摘は筆者の調査結果と符合するものであり、桜田はこれを近世以来の継続であると考えているわけだが、仮に押送船が江戸湾周辺で考案されたとする場合、伝えられた経緯が如何なるものであるのかは不明である。

石井が紹介する『今西氏家舶縄墨私記・坤』（文化十年（一八一三））という技術書によると、その造りは、七丁櫓で帆柱は三本、上口長さ三八尺五寸×航長さ二九尺五寸×肩幅八尺二寸×深さ三尺、というものであった[44]。石井は、櫓・帆共に数が多いのは快速性を重視したからだと説くが、これは、主な用途が沿岸漁村から江戸へ鮮魚を運ぶことが念頭に置かれていたからだろう。寸法が弁才船などと比べ小さいことが読み取れるが、西川は、かかる小型廻船による物資輸送が盛んになるのは、江戸が都市として発展してゆくのと軌を一にすると、述べている[45]。西川は、江戸の人口急増期を元和から寛永にかけてと見ているが、もしもこれに合わせて押送船が開発されたとするならば、起源は近世前期にまで遡ることになる。ちなみに石井は、船の動力源を表す言葉は、櫓走＝押す、帆走＝走る、との使い分けが十五世紀には慣用化している、と指摘しているが[46]、それを踏まえると、多数の櫓を使う船＝押送船が十七世紀に存在することは、可能性としては成立するのである。

押送船はイケスの設備を持っていたが[47]、これはオショクリのカンコ（写真12）と同じだと思われる。江戸で食べることが出来るようになった活魚料理を名古屋でも、といって押送船はもたらされたのかもしれないが、前述のとおりその経緯については明らかでない。ただ、一つの予想としては、斎藤善之によって存在がクローズアップされた内海船[48]が媒介となっていたかもしれない、ということが挙げられる。知多半島を根拠地に、江戸との間を行き来した内海船

写真12　カンコから魚をあげる（小中山漁港）

の船乗りの足跡を追ってみるのは、価値有る作業ではなかろうか。

3　活動の様相

オショクリの伝承は、前近代からの継続であり、しかも江戸湾の押送船を念頭に置いてかかる必要が有るが、これを踏まえて渥美半島で得られた資料を検討してみることにしよう。

まず注目したいのは、オショクリは買積み業者であったと認められることだ。漁師から魚を引き取る際の決済に、単に代金を手渡すだけでなく、自ら金額を決定しているのであって、オショクリ自身が買い手であるのは明白なのである。「買付け↓運搬↓販売」を業務としていたが、これは一見、行商のそれと同一に見える。海上を行く行商人なのかということになるが、註(11)に記したとおり、近世中期にはこれにはむしろイサバの語が充てられていたらしい[49]。また、行商は、規模が零細であり、庶民に日常的なものを供給するという性格を有するが、オショクリは、向山のものは規模が大きく、白谷・江比間のものはイカ・カレイといった高級魚を活魚で運ぶもので、行商とは一線を画する形態を呈している。

抽象化された行動論理は同じだが、オショクリは、行商とはタイプの異なる買積み業者として把握するのが妥当と考えられるのである。これは、前掲『蒲郡市誌』や伊村論文に基づくならば、近世においても同様であったろう。となると、翻って江戸湾の押送船と比べる時、一つの相違点が浮き上がってくる。桜田・石井・西川の各氏が、押送船を運賃積みと認識しているように解されるからである。両者の間には、経営形態に違いがあったことが窺われるのだが、そうなる経緯等については全く分からないということだけを言っておこう。

オショクリの活動のあり方は、とりわけ江比間と向山の間でかなりの違いが見出される。買いつける際、江比間は、時によっては漁場まで赴くこともあるが、浜で待ち受けるのを基本とし、引き取るのは高級魚で、活魚のまま運んで行く。これに対し、向山は、必ず漁場へ出掛け、購入するのは大衆魚で、死魚を積んで行くのである。どちらが、より本来的な形であるのか判定するのは難しい。『蒲郡市誌』によれば、一網で一〇〇石くらいの鰯が獲れることもあって、買船の手当が間に合わない時があったという[50]。このような事態の下では活魚のまま輸送したとは考えられず、向山型の処理は機械船導入以前から行われていたと推定される。ただ、水槽に魚を入れて行ったとの点で江戸湾と共通するのは江比間型であり、より伝統的な香りが感ぜられるのは事実である。何れにせよ、オショクリには類型化の必要が有ることが示されたわけだが、向山型については更なる細分化が示唆されている。

二で述べたとおり、向山では、オショクリよりむしろカイマルの呼称が使われているが、カイマルの方が新しい言い方だったようである[51]。カイマルは、特定の漁船から買い付けるものがツキガイマル、どの漁船からでも買うものがフリガイマルと、それぞれ呼ばれ、タイプの違いとして認識されていた。ツキガイマルは、行商と得意の関係を想起させるが、向山では相手の漁船は一隻で、その漁船は他のカイマルにも魚を引き渡している。一方、『蒲郡市誌』には、買船は複数以上の漁船と船団を組んだと記されている[52]。ツキガイマルは、核になるものが買船か漁船かで、更に峻別がなされるようである。

向山型の、とりわけツキガイマルの場合、確実に買い付けをするには、取引相手の漁船がその日どこで操業しているのかを、正確に把握することが重要であった。いわゆる情報収集だが、前述のとおり、これは海上で出会った他の船から寄せられる情報に依存していたのである。この類のことは、福江の魚屋も表浜へ買い付けに行く際に行っていた。現代から見れば何とも素朴な手法だが、斎藤によれば、このやり方は内海船でも採用されている。制度的・定期的なものではないが、常時多数の廻船が同じ海域を行き交っている場合、仲間の船からもたらされる情報は、軽視出来ない重みを持っていたと指摘している(53)。内海船の活動域にはオショクリのそれと重なる所が在ることから、今回得られたデータは斎藤の指摘に繋がるものと捉えて良いだろう。伝達慣行が、具体的にどのようなものであったか知るのは不可能に近いが、イメージを抱くことは出来る。筆者は、前近代的交通交易事象を検討する際は、公式化しにくい部分を視野に入れることを唱えているが(54)、眼前の事実は、その主張を援護してくれるものとして心強く受け止めている。

五　魚行商人

1　呼称と歴史的背景

裏浜の漁師達は、魚の売買に際し、大変興味深いことを行っていた。それは、オショクリ等に魚を売る一方で、自家用の魚はボテもしくはボテフリと呼ばれる行商人から買い付けていた、という事実である。

ボテ・ボテフリについては、『三州奥郡漁民風俗誌』(55)・『赤羽根町史』(56)・『田原町史』(57)・『渥美町史』歴史編下巻等で言及されている(58)。その内容は、漁師から主に鮮魚を買い付け自ら担って売り歩く行商人、というもので、今回聞き得たことと同一である。伊村によるならば、宝暦元年（一七五一）、徳川吉宗の死去に伴い、鳴物の停止が行われたが、吉田藩の触書に「魚行商の者は大声をあげないよう」指示がなされていることから、逆説的に、平生は売り声を高くあげ魚を売り歩く者が居たことが知られるという[59]。これらを踏まえると、ボテ・ボテフリと呼ばれていたかどうかは分からないが、魚を行商して歩く者は近世中期には存在し、民俗として確認されるボテ・ボテフリは彼らの系譜を引く姿と、判断されるのである。

自らが調査地とした所で、ボテ・ボテフリが魚行商人の代表的呼称となっているのが見出されたのは、常陸北部[60]に続き、これが二例目である。吉田伸之は、呼称としての振売が棒手振に替わったと見られるのは近世の江戸においてであると指摘する[61]。筆者は前稿で、この呼称は東日本に比較的多く分布することを述べたが、その際、吉田の指摘を受けて、ボテフリは江戸周辺で生み出された言葉ではないかという提言を行った。仮にこれが成立するならば、誕生地が江戸周辺という点で、押送船と共通項を有することとなる。両者は、同じ所から、相前後して発生したものなのかもしれないのである。

渥美半島から更に西へ、押送船が何処まで伝えられたのかは不明だが、ボテフリ系の呼称は、志摩半島[62]・熊野[63]にまで達していることが確認されている。仲立ちとなったのは何なのかということになるが、近世、江戸―東海―上方を行き来した廻船が、単に物資を運ぶだけでなく、様々な文化情報をも携えて行ったことが、構図として描き出せそうである。なお、前近代の渥美半島における文化伝播については、西から来るものに目が行きがちであるが[64]、今回挙げられた事柄が、東から来たのではと予想されることには、注意しておいて良いだろう。

2　活動の様相

ボテフリは、漁村ではない所にも居たが、従事するのは殆ど男で、一家を支える仕事となっていたのは常陸北部と共通である。一方、売り先はむしろ漁民が多いという点は、一つの特徴として留意される。管見の限り、販売対象者に漁民が相当数居るとの事例は、瀬戸内の二窓と能地の関係[65]に続き二例目である。江比間を例に見るならば、漁師が獲るのは高級魚で、これは「商品」としてオショクリに売り渡し、自家用として食べる大衆魚をボテフリから買っていた。図式的換言をすると、漁業を生業とする者が、それに必要な技術によって、販売のための商品を確保し、自らが消費する分も獲得出来るのにそれをせず、「貨幣」を媒介とする形で消費用を得る、との形を採っているため、魚売りが関与する余地が存在する、ということになる。すなわち、能地同様、「生産・消費分離型」として把握されるのである。

とは言うものの、能地と全てが共通しているわけではない。決定的相違点は、帰港した時の魚の有無である。能地漁民は、いわゆる家船に乗って遠隔地で漁を行い、そこの至近の地で販売する作業を繰り返すため、帰宅するのは稀であり、持って帰るのは金のみであることから、自家用の魚は二窓の者から買って食べるしかない、ということになる。一方、江比間の場合は、漁は日帰り出来る所で行い、魚は浜まで持って来るが、その一部を自家用に充てることはせず、ボテフリから買い求める、との形を採っているのである。何れにせよ、このタイプが面白いのは、「生産・消費分離型」という進んだ形を採る一方、ボテフリという素朴な形態が重要素として組み込まれていた、ということだ。かかる形態が何時から有るのかが気になるが、押送船の活動と関係が深いものであることから、それの検討を念頭に置きながらというのが、手順としては妥当と考えられるのである。

魚行商人の考察を行う際、指標の一つとされるものにナワバリの問題が有るが、今回漁民が販売対象となっている所ではこれが見出されず、特徴の一つと認められる。一方、農村部へ売りに行く者については、決まった得意の所へ行く「お馴染みの方式」が実践されている。魚行商人は、町場で常設店舗を構える魚屋が旅館や料理屋などの大量需要に応じていたのに対し、一般消費者への供給を担う存在と位置づけられていた。すなわち、漁村と農村は、互いに至近の地に在りながら、生業形態の違い＝ナワバリの有無の構図が、そこには横たわっていたのである。相違が生じた経緯、とりわけ漁村部にナワバリが設けられなかった理由を知りたいところだが、理論的にナワバリ発生の要因が確定されていないうえ、目前の資料も不足で、方向性すら打ち出すことが出来ない。土地を生産手段としない所では、これを目安に区分けするとの発想が生じなかったのだろうかとの、想像をめぐらすばかりである。

運搬法は、かつては、魚を仕入れた籠を天秤棒の両端に吊るし、担って行った。やがて、箱を自転車に積んで行く形に変わるが、その時期は、浦では大正末から昭和初期、江比間では昭和十年過ぎと、所により違っている。表浜の者も盛んに来たが、彼らは必ず坂越えをすることとなり、坂道を天秤棒で担い歩く姿はここでも見られたのである。『三州奥郡風俗図絵』(66)によれば、明治二十年以前は生魚を豊橋まで担って行ったというから、肩担い運搬は長距離の際も行われていた。天秤棒を使った長距離・坂道の運搬は、渥美半島でも確認されるのである。

註

(1) 拙著『西日本庶民交易史の研究』第三編第一章(二〇〇〇年十二月)。
(2) 『渥美郡史』(一九二三年三月)四五四頁。ここでは復刻版(一九七二年十二月)によった。
(3) 桐原健「古代の科野・東海交流に関わる問題」(『伊那』四九―六号、二〇〇一年六月)一七頁。
(4) 柳田國男「藤村の詩「椰子の実」」(『定本柳田國男集』別巻第三、一九六四年九月)四五八頁。
(5) 村瀬正章『近世伊勢湾海運史の研究』(一九八〇年十二月)。
(6) 『田原町史』中巻(一九七五年三月)二七四頁。

（7）同右六三・七三〜七四頁。

（8）明治十年生。東京オリンピック（一九六四年）頃まで生存していたという。

（9）この呼称は志摩でも確認されている。『西日本庶民交易史の研究』三八六頁。

（10）白谷と同じく、近世、田原藩西方手永に属していた田原町浦の山田忠衛氏（大正十年生）は、魚行商人について次のように語ってくれた。

浦は農地が在る所なので、白谷に比べ漁業の占めるウエイトは低い。かつては、魚はボテと呼ばれる行商人から買って食べていた。ボテは、漁師から魚を買って売り歩く人である。全て男で、浦にもやった者は居るが、裏浜渥美町域や表浜から来た者のほうが多い。漁業の規模が、表浜のほうが大きいからである。小学校入学（昭和二年）前後頃までは、天秤棒で担って来た。竹で編んだフゴと呼ばれる籠に魚を入れ、前後に一つずつ吊り下げて来たが、これをイッカと言う。ボテが来るのは春から秋までで、冬は来ない。決まった人が来ていたが、呼び歩きながら村内を廻るので、家の近くまで来れば、すぐにそれと知れた。天秤棒を使わなくなると、自転車に魚を入れたトロバコを、幾つか重ね積みして来るようになる。やはり決まった人が呼び歩きながら来た。魚は、アジ・サバ・イワシ・コノシロなどだが、秋にはカマスを持って来る。ボテが盛んに来ていたのは第二次大戦前までで、戦後もしばらくは来ていたが、昭和三十年頃には見かけなくなった。

なお、山田氏が子供の頃は、年配の女性が、浦で採れたアサリや小魚を、田原の二・七の市へ売りに行くことがあったが、これをボテと呼んだことは無いと言う。

（11）『渥美町史』歴史編上巻（一九九一年三月）三八〇頁。なお、同書五七一頁に、畠村（渥美町福江）の差出帳（享保四年〔一七一九〕）によれば、イサバ船は行商用の小型船を指すらしい、と記されている。イサバ船は、五〇〜一五〇石ほどであった(村瀬『近世伊勢湾海運史の研究』二四頁)。
(12) 写真8は渥美町郷土資料館収蔵のもので、渥美町福江で採集されたものだが、キャプションに示したとおり、ドウマンと呼ばれている。竹製で、蓋が付いており、寸法には大小があるが、ここに掲げたものは、おおよそ、上部径五七・五センチ×底部径一三〇センチ×高さ一〇〇センチであった。なお、ドウマンの呼称は蒲郡でも確認されている。『蒲郡市誌』(一九七四年四月)六九六頁。
(13)『田原町史』中巻、三一二頁によれば、イナイボウは天秤棒のことである。
(14)『渥美町史』歴史編上巻、三六〇頁。
(15) 業者はカイマルシと呼ばれることもある。
(16) この言葉は安芸竹原でも確認しており、意味合いもほぼ同じである。拙著『西日本庶民交易史の研究』一七四頁。
(17)『渥美町史』歴史編上巻、三六七〜三六八頁。
(18)『渥美町史』歴史編下巻(一九九一年三月)四七八頁。前述のとおり、裏浜一帯と繋がりが深いのは三谷だが、三谷は近世「三谷千軒」と言われ、漁業の町として全国的に知られていた(『蒲郡市誌』九四七頁)。
(19) 天秤棒で吊り下げて行くこと。
(20) 福江のすぐ東に折立という所が在るが、このオリと何か関係が有るのだろうか。
(21)『渥美町史』歴史編上巻、三〇八・三五七〜三五九頁。
(22) 魚町の魚市場の起源は、十六世紀中頃、今川義元の支配時代にあると伝えられる。元禄時代、吉田藩主小笠原長重によって売買特権が与えられ、近世を通じ、これを行使した(『豊橋市史』第二巻、一九七五年十一月、四五九〜四六〇頁)。明治維新に伴い特権を失って衰えるが、明治九年に復興され、大正二年に豊橋魚市場として統合された(『豊橋市史』第三巻、一九八三年三月、七七六～七七八頁）。なお『参河国名所図会』上巻「渥美郡之部」（夏目可敬、嘉永四年〔一八五一〕）に、魚市の様子が紹介されている。

（23）越戸・若見は、近世以来漁業が盛んな所で、浜役所が置かれていた。『渥美町史』歴史編上巻、三三二頁。

（24）入札に石を使うのは、『赤羽根町史』（一九六八年十一月）五一二頁に「近代以降、魚の買い付けは仲買人が行った。仲買人は、漁場へ来ては石に数字を書いて入札する」と書かれていることから、広く採られた方式であったと思われる。

（25）折立（近世の支配は畠村に同じ）に住む山口公三氏（昭和二年生）はボテの経験者で、活動の様子を次のように語ってくれた。

　ボテをやったのは第二次大戦後で、売りに行ったのは主に福江の農村部である。魚を入れたトロバコを自転車に積んで行くが、ボテはそれぞれ得意先が決まっており、他人の得意を訪ねても買ってはもらえない。毎日のように行くが、一軒ずつ廻り歩いていた。農家では、魚代を、金ではなく米でくれたこともある。米はさほど良質のものではないが、袋に入れて持ち帰ると、近所の購入希望者に渡して金と引き換える。宿屋に売ることもあって、他の者より高値で引き取ってくれた。ヤマガ（山の中）へ行く時は、鮮魚は重いので、干した開きを持って行く。そこでは、秋には柿と交換したこともある。冬季魚が獲れない時には、江比間方面の漁師の所へも行ったが、漁師は魚が好きなので、たいてい買ってくれる。漁師は、必ず金でくれた。

（26）愛知県教育委員会編『三河湾・伊勢湾漁撈習俗緊急調査報告』第Ⅱ集（一九六九年三月）四〇頁。

（27）礒貝勇・津田豊彦『日本の民俗　愛知』（一九七三年十二月）六一～六二頁。

（28）『田原町史』中巻、二七四頁。

（29）『蒲郡市誌』五〇二頁。

(30)「差上申一札之事」に「当月四日尾州師崎三治郎乗押送船、逢難風当時大嶋江被吹寄候之節…」とある。『渥美町史』資料編下巻(一九八五年三月)一四二頁。

(31)『渥美町史』歴史編上巻、三八〇頁。

(32)拙稿「阿武隈の魚交易路―平潟街道の伝承―」(『民俗文化』一四号、二〇〇二年三月)一六二頁。

(33)伊村吉秀「魚市場の開設と伊奈忠次証文写」(『愛知大学綜合郷土研究所紀要』第三六輯、一九九一年三月)、「三州宝飯郡前芝村『魚出入記録』をめぐって(1)」(『愛知大学綜合郷土研究所紀要』第三九輯、一九九四年三月)、「三州宝飯郡前芝村『魚出入記録』をめぐって(2)」(『愛知大学綜合郷土研究所紀要』第四〇輯、一九九五年三月)。

(34)伊村「魚市場の開設と伊奈忠次証文写」五八頁。

(35)伊村「三州宝飯郡前芝村『魚出入記録』をめぐって(2)」二八頁。

(36)伊村「三州宝飯郡前芝村『魚出入記録』をめぐって(1)」九五頁。

(37)『田原町史』中巻、二三〇頁。

(38)『渥美町史』歴史編上巻、二二二頁。

(39)伊村「三州宝飯郡前芝村『魚出入記録』をめぐって(2)」二六頁。なお、熱田市場では、問屋が押送船から魚を買い取っていたという。村瀬『近世伊勢湾海運史の研究』一一七～一一八頁。

(40)「乍恐以書付奉申上候」に、「右者今般大漁舟、手繰舟并押送舟、其外舟数取調…」とある。『古文書にみる江戸時代の村とくらし』3(江戸川区教育委員会、一九九二年三月)三三頁。

(41)桜田勝徳「改定船名集」(『桜田勝徳著作集』第三巻、一九八〇年十月)一六一～一六二頁。

(42)石井謙治『和船』Ⅱ(ものと人間の文化史、一九九五年七月)。

(43) 西川武臣「江戸内湾の湊の歴史―水運と流通をめぐって―」(柚木学編『総論水上交通史―水上交通史研究の課題と展望―』一九九六年一月)。
(44) 石井『和船』Ⅱ、一六六頁。
(45) 西川「江戸内湾の湊の歴史―水運と流通をめぐって―」二九八～三〇〇頁。
(46) 石井『和船』Ⅱ、一六五頁。
(47) 桜田「改訂船名集」一六一～一六二頁。
(48) 斎藤善之『内海船と幕藩制市場の解体』(一九九四年六月)。
(49) 綿貫友子は、伊勢湾周辺の海域の波不知船の原型は、中世の小廻船にあるのではないかと述べている。『中世東国の太平洋海運』(一九九八年十月)一五七頁。
(50) 『蒲郡市誌』五〇二頁。
(51) 『日本の民俗 愛知』六一～六二頁は、買い付け行為をカイマル、船をオシオクリブネと、表記している。
(52) 『蒲郡市誌』五〇二頁。
(53) 斎藤『内海船と幕藩制市場の解体』三六七～三六八頁。
(54) 拙著『西日本庶民交易史の研究』一八頁。
(55) 松下石人『三州奥郡漁民風俗誌』(一九四一年九月成稿、一九七〇年三月刊行)一一二頁。
(56) 『赤羽根町史』五一三頁。
(57) 『田原町史』上巻(一九七一年十二月)七六七頁、中巻、三一三頁。
(58) 『渥美町史』歴史編下巻、一九二頁。

(59) 伊村吉秀「片浜十三里の魚荷の流通と吉田の魚市(1)」(『愛知大学綜合郷土研究所紀要』第四三輯、一九九八年三月)七一頁。

(60) 拙稿「阿武隈の魚交易路―平潟街道の伝承―」(『民俗文化』一四号、二〇〇二年三月)一八六頁。

(61) 吉田伸之「振売」(『日本都市史入門』Ⅲ人、一九九〇年三月)一三七頁。

(62) 拙著『西日本庶民交易史の研究』四一五頁。

(63) 杉中浩一郎『熊野の民俗と歴史』(一九九八年十一月)九七頁。

(64) たとえば、島本彦次郎は「渥美半島は、伊勢と海上交通により結ばれていたことから、西日本の文化が伝わりやすい。西日本の漁村に多く見られる寝宿習俗が、半島西部により濃く見出されるのは、これと関係が有るのかもしれない」と述べている。愛知大学綜合郷土研究所編『渥美半島の文化史』(一九九三年三月、初出は一九五五年)二九三頁。

(65) 拙著『西日本庶民交易史の研究』一八二頁。

(66) 松下石人『三州奥郡風俗図絵』(一九三六年二月。『日本民俗誌大系』第五巻、一九七四年十一月)一五一頁。

第三章　紀伊半島

はじめに

本章は紀州の押送船について述べるものである。ただ、このように言うと、「紀州に押送船?」と、首を傾ける方が多いのではなかろうか。これは誠にもっともな反応で、筆者自身、近年まで、紀州に押送船が存在したことは知らなかったのである。第一・二章で、関東以西、東海地方の押送船について報告を書いてきた者にとっても、紀州での「押送船発見」は、正に新鮮な驚きであった。

押送船については、繰り返し述べてきたとおり、多くの先学が、質量共に優れた研究を著している。これらから学んだ「押送船像」は、近世、房総・相模・伊豆の漁村から、江戸へ魚を運んだ快速船、というものであった。「関東地方に存在する」が、学界の大勢なのだが、第一・二章は、押送船の分布は、近世に遡って、東海地方にまで及ぶことを、論証したものである。反省するべきは、一連の作業の際、天保年間(一八三〇~四四)に、御前崎の押送船が摂津御影まで行ったのを示す史料を見ていながら(1)、桜田勝徳の「押送りの名称は、関東から東海に普及していたが、関西方面では使用されなかった」との推定(2)を鵜呑みにし、東海以西の分布について検証を怠ってきたことだろう。ここへ来て、決め込んだ怠慢のツケが廻ってきたと言えようが、紀州の押送船に取り組む気になったのは、単に自省の念

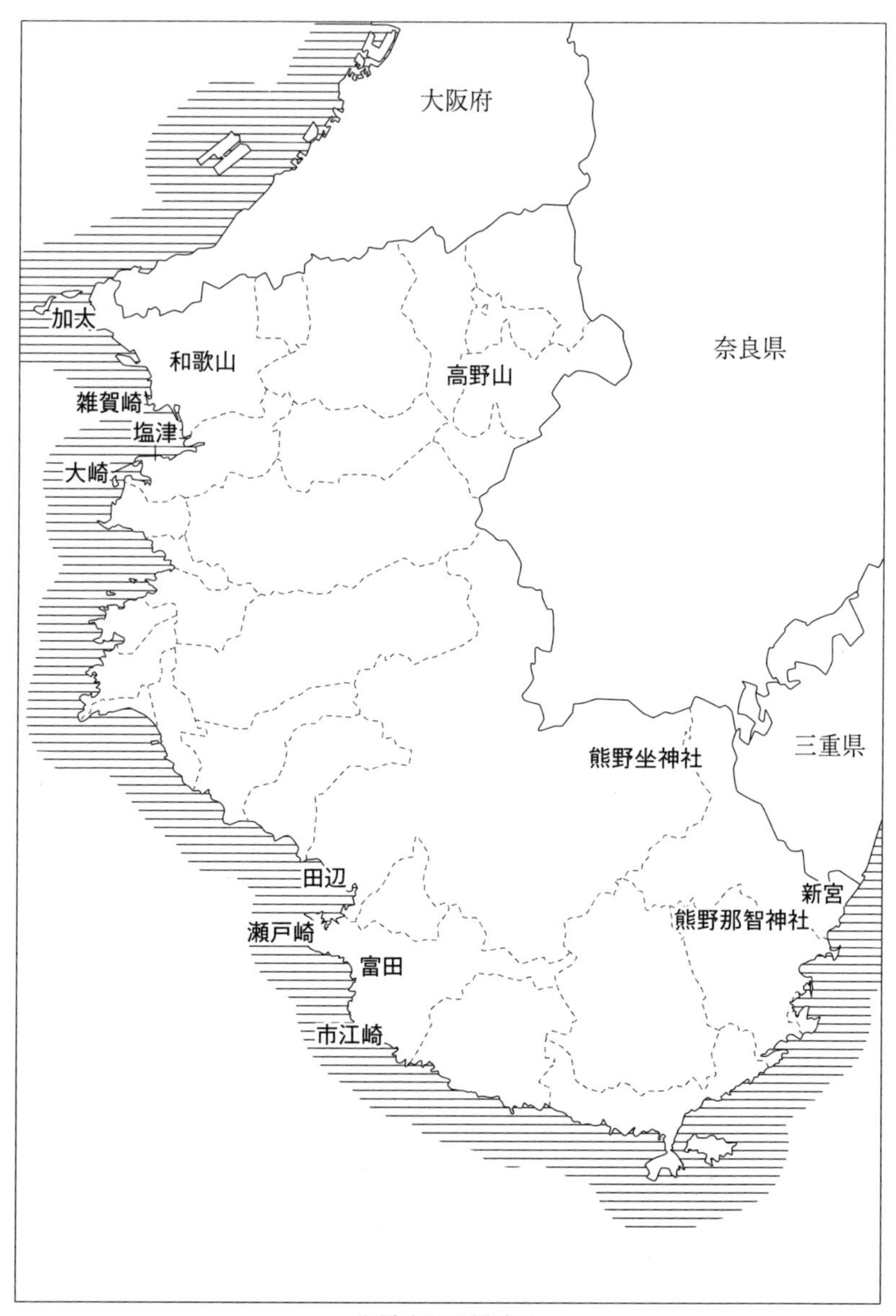

和歌山県関係地図

写真13　紀伊富田浦

にのみ由来するものではない。

菱垣廻船は、元和五年（一六一九）、堺の商人が、紀伊富田浦（写真13）の二五〇石積の廻船を借り受け、大坂から江戸へ荷物を運んだのに始まるとされるのに象徴されるとおり、近世の紀州は海運の盛んな国であった。[3]上村雅洋の研究を知る者ならば、海運史研究が盛んな土地柄だとの思い[4]から、押送船についても研究の盛行を予想したいところだろう。ところが、管見の限り、紀州の押送船を検討しているのは、笠原正夫、ただ一人なのである。[5]取り上げられる機会が限られるのは、廻船に比べ、史料が少ないからだと察せられるが、だからと言って、交通史専攻者が目を向けなければ、紀州の押送船は、存在を認識されないまま、沈没してしまうかもしれない。今大切なのは、「紀州に押送船が存在した」史実を、学界に向けて発信することである。

既述のとおり、押送船は、和船のなかでは海外で一番知られた存在だと、言って良い。この名の船の分布を、関東地方と決め込むのではなく、より詳しく知ろうとする作業には意義が有る。笠原の仕事に学びつつ、自身の史料分析を加えて、「紀州の押送船」を浮上させることを、目指したい。

一　先行研究から見る紀州

1　近世史概観

紀州の押送船を知る前提として、まずはこの地の近世史を概観しておこう。

(1)領主の変遷

天正十三年(一五八五)三月、紀州は豊臣秀吉に平定され、豊臣政権下では、弟秀長およびその養子秀保の領国として支配される。和歌山等の重要拠点に秀長の家臣が配されるが、政権期後半には和歌山・田辺・新宮の三城体制が形成された。(6)

関が原戦の一か月後、慶長五年(一六〇〇)十月、浅野幸長が甲斐から紀州へ入国する。翌年確定した領知高は三七万四〇〇〇石で、高野山寺領を除く紀州一国が幸長の支配下となる。(7)幸長は、自身が和歌山に入ると、直ちに、知行高三万石の家老浅野左衛門介を田辺に、同じく二万八〇〇〇石の浅野忠吉を新宮に、それぞれ配置した。(8)幸長時代に、旧土豪の召し抱え、城郭と城下町の形成、検地の実施など、近世的支配の基礎が形作られるが、(9)幸長は慶長十八年に他界する。(10)弟の長晟が跡を継ぐが、元和五年(一六一九)七月、広島への転封が沙汰されて、浅野氏は紀州を去って行った。(11)

元和五年八月、浅野氏に替わって、紀州に入国したのが徳川頼宣である。(12)頼宣は、慶長七年、家康の十男として生まれるが、翌八年には水戸二〇万石の大名となった。(13)水戸へは一度も行かず、家康のもとで成長するが、慶長十四年、水戸に変えて、駿河・遠江・東三河で五〇万石が与えられる[14]。その後、紀州へ移ることとなるが、和歌山藩は、紀伊・伊勢・大和で、合計五五万五〇〇〇石であった[15]。三城体制が継続されて、和歌山を藩庁としながらも、田辺三万八八〇〇石は付家老直次を祖とする安藤氏が、新宮三万五〇〇〇石は同じく重仲を祖とする水野氏が、それぞれ知行地支配を行ってゆく。以後幕末に至るまで、これを基とする枠組みが維持されたのである[16]。

(2)村と浦

天正十六年、秀吉は、「海賊停止令」によって諸国の海村を調査・掌握し、文禄・慶長の役では、熊野の民を水軍に動員した[17]。海上公務や軍事上の必要で、紀州の海民に課せられる夫役は、浅野氏時代に加子役と呼ばれるようになる[18]。浅野氏は、慶長十六年までに、加子役を、労力賦課から米による代納＝加子米に切り換えている[19]。加子米は、軍役に起源を持つものであることから、和歌山藩時代には、これを藩庁が独占し、田辺・新宮は持つことが無かった[20]。

紀州の村々は、慶長六年の検地で村高が確定するが、この時点では、「村」と「浦」の区別が、明確にはなされていない[21]。やがて両者は区分されるが、その目安は加子米で、同じく海村でも、これが課される所は「浦」、課されない所は農村同様「村」と、それぞれ公称されるようになる。その時期は、慶安以降、寛文期頃にかけてと、ちょうど幕藩体制が確立される頃である[22]。浦は、加子米を負担する代わりに、地先海面での漁業権が認められた[23]。浦村・浦は、代表者は庄屋だが、二〇～三〇か村、平均石高九〇〇〇石程度を一纏まりとして、組を形成し、大庄屋が管轄した。郡は、名称・エリア共に前代からの継続だが、行政区画としての組がいく

写真14　徳川頼宣の墓

写真15　田辺＝会津川河口

つか存在する形となり、各郡配置の郡奉行・代官が、大庄屋・庄屋を通して統治を行った。村・浦は、在方もしくは地方と呼ばれ、郡奉行・代官を指揮する藩の奉行が支配を統括したのである。[24]

和歌山藩は、キリシタン禁制・治安維持対策と共に、海難救助を課する形で、海村を治めていた。[25]海難救助は、豊臣時代に負担が海村に義務化され、浅野氏が徹底化を図っている。[26]藩政下で救助を担ったのは、寛永年間（一六二四～四四）の成立と伝えられる浦組である。浦組は島原の乱を受けて創設され、元来の任務は、不審船発見時の注進＝キリシタン船渡来阻止であった。呼称は浦組だが、浦のみでなく、村をも組み込む形で編成されている。農漁民で構成されていながら、軍事的色彩の濃い組織で、領民統制の側面を有していた。村・浦は、江戸―大坂航路の沿岸にあることから、浦組は幕藩体制の安定と共に増加する廻船の難船救助へと、性格を転換していったのである。[27]また浦組は、当初軍役であったことから、藩庁の管轄下にあって、田辺・新宮も含んで組織されていた。[28]加子米・浦組が、揃って中央集権下に置かれていたことに、注目しておきたい。

2　押送船の活動形態

関東の押送船は、房州で貞享年間（一六八四〜八八）の存在が確認されていて[29]、活動は比較的自由だったが、浦賀番所が開設された享保六年（一七二一）以降は、番所改めを請け負った江戸魚問屋の差配下に置かれることとなる[30]。魚問屋が幕府の厚い庇護を受けていたのは確かだが[31]、彼らは商人であるから、その下で動いた押送船は、民間営業者であったと見なされよう。これは東海地方も同じで、従来「押送船は民間」ということを疑う余地は無かったのである。ところが、何と、紀州の押送船は「御用」なのであった。存在確認のみならず、活動形態を知って、関東との相違に再度驚かされたが、先行研究から教わる概要は次のとおりである。

慶長十五年六月、浅野幸長は、木本浦の船頭加子中に対し、和歌山から熊野筋伊勢境まで、上下の押送船（海の伝馬）の許可を与え、紀州海村掌握の一環とした[32]。徳川氏はこれを受け継ぎ、和歌山と熊野・伊勢三領との間において、御用荷物等を送るため、沿岸各所から押送船を出させては、浦継ぎで輸送させたのである[33]。さながら「海上伝馬役」と言えるかもしれない。具体相は笠原の研究に詳述されるように[34]、押送船を賦課されたのは浦だが、全ての浦が舟を動員していたわけではない。ただ、舟を提供しない浦にも、経費負担は伸しかかってくる。加えて、単に物資輸送を行うのみでなく、情報伝達の役目も課される時が有った。紀州の人々は、自らの必要により押送船を操船していたわけではないのである。ちなみに、先行研究からは、「魚を運んだ」との記述を、見出すことは出来なかった。

活動のあり方が関東のそれとは違うのを認識したところで、紀州の押送船の史料と向き合う作業に取り掛かろう。

二　藩法の規定

仕事は御用であるので、まずは、どのような決まり事が前提とされていたのかを知るために、ここは藩法の検討から始めるのが手順である。

1　紀藩御法度書

掲げるのは正保二年(一六四五)九月の「定」の中の一箇条だが、「定」は、計二九箇条の郷村取締規定等で、代官郡奉行取締の条項である。[35]

〔史料1〕[36]

一浦々おし送船之儀、先年如御定舟数日帳ニ其断を付置、毎年一年切ニ組中寄合遂勘定、加子米高ニ割符可仕候、
　組中之内何之浦々手寄におひておし送仕、所々ニ日帳に断を付置打合入用可仕勘定事　(傍線、胡桃沢、以下同じ)

この条文は、『万代記』参・六にも記載されている。[37] 参は正保二年九月、[38] 六は天和元年(一六八一)十月で、[39] 用字等に僅かな違いは有るものの、全く同じ内容である。参には「定」二九箇条が記載されていることから、藩当局が、広く在方へ向けて法令遵守を図っていたことが窺われる。

この史料で、まず注目するべきは年代の早さである。「正保二年」の段階で「先年如御定」と書かれていることは、これ以前に押送船についての規定が存在していたことを暗示する。それが直前の寛永年間(一六二四～四四)で、仮に関東の押送船の史料初見が貞享(一六八四～)であるならば、両者の開きは半世紀ということになる。前述の、慶長十

五年（一六一〇）の木本浦についての史料を見ることは出来ていないが、そこまで遡らずとも、関東で十七世紀前半の史料が確認されない限り、「押送船」の呼称の使用は、紀州の方が早いということになる。すなわち、この呼称は、実は紀州生まれだったのかもしれないのである。

前述のとおり、村と浦が区分されたのは、慶安以降、寛文期頃にかけてと、推定されている。この史料は、それ以前のものではあるが、「加子米高ニ割符可仕候」と書かれ、押送船およびその経費を負担するのは、加子米納入をしている所であることを、明言している。加子米納入をしている所は、遡れば加子役を課されていた。先行研究が「慶長十六年までに加子役は加子米に切り換えられた」と述べているのは先に見たとおりだが、史料からは、押送船は「労力賦課＋経費負担」であったのを、読み取ることが出来る。となれば、「切り換え」は完全に行われたとは言い得ない、ということになるのではなかろうか。

史料は、「一年間に、何処がどれくらい負担したかを算出し、加子米高に応じて経費を出し合うよう」定めている。かかる場合、負担のあり方は、「①労力のみ、②労力＋経費、③経費のみ」の、三様が想定されようが、皆が③を選択したら、舟が出せなくなってしまうから、労力賦課が消えて無くなることは有りえない。加子米を負担割合の基準としていることを踏まえるならば、加子役から加子米への切り換えは、単に労力負担を米納へ変更したのに留まらず、海上労力徴発のあり方を、一律に縛る方式＝労力賦課から、選択の余地が有る方式＝労力賦課＋経費負担へと、変換したのを意味しているのではなかろうか。

この負担を課す所を「浦」としたのだろうが、「浦々」と「加子米」が共に書かれる正保二年の史料の存在は、この時期、浦の枠組み設定が、既に相当程度進んでいたことを、示しているのかもしれない。浦が在っての押送船ということになるが、この賦課形態は、荒居英次が水主役を大別して言うところの、夫役形態と米・銀納形態[40]の中間的な形に見えてくる。紀州の押送船は、軍役の延長線上のシステムに基づき、運航されていたのである。

経費負担の割当は組中寄合で決めるよう、指示されている。この組が、行政区画としての組なのか、海難救助組織としての浦組なのかは不明だが、笠原の「正保期には浦組は正式名称になっていない」との指摘[41]を念頭に置くならば、藩の「定」に書かれるのは行政区画としての組ではなかろうか。組の原形成立は延宝頃（一六七三～）だというが[42]、正保期には既に一定の機能を果たしていた。しかし、行政区画等の具体的様相については、知ることが出来ないのである。

2 紀伊御法度集

これは、吉宗が藩主の時に編集が開始され、次の宗直に替わる享保元年（一七一六）に完成した[43]。冒頭の「目録」には計四〇の項目が挙げられているが、そのなかから、ここに掲げるのは「伝馬継村継浦々押送之事」である。

〔史料2〕[44]

浦々押送

一熊野田辺領迄御用荷物之内伝馬継に而難遣ものハ、奉行所ゟ浦継押送之証文ヲ出、船ニ而浦継ニ遣し申候、但浦継証文出ス儀希成儀御座候

一右之所々ゟ和歌山江之荷物有之節者、其所々郡奉行証文ニ而和歌山迄御用荷物浦継ニ参申候

一浦方役人ハ勿論何役人ニ而も伝馬証文ヲ以浦々通候節者右浦継之船ニ而通リ申候、奉行所ヨリ浦継之証文者出不申候得共歩行路不自由之所々之分者右之通ニ船ニ乗申候、尤伝馬之替と相聞申候

一右浦継之儀奉行所ゟ証文出分も船賃渡し不来候分も船賃出し不申候、右船賃之儀浦々組合有之、毎年浦々立合右

写真16　熊野街道富田坂

船賃者勿論浦方割ニ可入物ヲ取集、組合之浦々へ割賦仕候、是ヲ浦方割と申候、但所々ゟ浦々立合ニ不及一浦之入用ニ仕所茂御座候

第一は、押送船を仕立てる目的を示したもので、藩庁から田辺・新宮へ御用荷物を送る際、伝馬継で運ぶのが難しい場合は、船に積んで浦から浦へとリレー輸送を行い、目的地へ届けるよう、定めている。正に、先行研究が述べる、紀州の押送船のあり方の基本を示す一文と、位置づけられるだろう。史料1と併せ読むならば、紀州の押送船は、藩政成立期から御用船として存在していたことを、確信出来るのである。押送船を仕立てるのは、陸上送付が難しい荷物だというが、陸路の様相を『和歌山県史　近世』五六〇頁の「図27　紀伊国内の伝馬所」で見ると、和歌山から田辺・新宮へ向かうのは熊野街道である(写真16)。熊野街道は、田辺までは所々に伝馬所が在るが、田辺で大辺路と中辺路に別れると、海岸沿いを行く大辺路には伝馬所が設けられていない。中辺路には伝馬所が置かれているが、この道は山中を通過するため、重量が嵩む物の運搬は不可能で

ある。文字通り、前近代物資輸送のセオリーが当てはまり、とりわけ新宮への送付には海路が選ばれ、押送船が動員されたと、考えられる。

押送船の使用には、奉行所で交付する「浦継押送之証文」が必要と書かれているが、証文がどのようなものであるのかは、先行研究には触れられておらず、筆者も実見していない。記載内容を知ることは出来ないが、史料1に「日帳に断を付置」と二回記されていることを併せ考えると、証文には押送船を動員する理由等が記され、浦継の際には庄屋などへの提示義務が課されて、浦々はこれを控えるよう、指示されていたのではないかと、推定されるのである。なお、証文発行が稀な場合も有ることを断っているが、これが具体的にどのようなことであるのかは、分からない。

第二は、田辺・新宮等から和歌山へ送る荷物が有る時は、最寄りの郡奉行から証文の交付を受ければ、御用荷物として浦継で運べることを、定めたものである。ここには、藩庁が発送者である時に限らず、受取者となる際も、御用荷物とされる場合の有ることが、示されている。留意すべきは、証文の交付権限が郡奉行に与えられていることで、浦継を認めて良いかどうかは、藩庁直属の者のみが判断出来たのである。加子米を藩庁が独占していたことは前述のとおりだが、これが押送船を負担する基準とされていたから、海上労役の賦課権限は中央集権下に置かれている者のみにしか有り得ない。藩法が、証文は郡奉行が交付するよう定めているのは、かかる論理に則したものと見なされる。押送船を動員出来るのは藩庁の特権だったことが知られるが、史料1から読み取れる「紀州の押送船は軍役」は、法規のなかで一貫しているらしいのである。

第三では、浦方役人を含む諸役人が浦々を通行する際は、浦継之船の利用を認めることが、申し渡されている。その際は、浦継之証文が無くとも、伝馬証文が有れば良いとされていた。『紀伊御法度集』では、この「浦々押送」の直前に「伝馬継村継」が掲げられ[45]、その第一に「在々御用ニ参候役人伝馬渡方例法、奉行所ニ而遂吟味証文出し、

（中略）継々伝馬所ニ而荷馬相立申候」と、書かれている。出張する役人は、伝馬証文の交付を必ず受けていたが、実は、これは押送船への便乗をも認めるものだったのである。そもそも第一・二に記される証文は、御用荷物、すなわち物資運搬に際し交付されるものであって、人の移動を目的として船に乗ることを認めているわけではない。第三の文中に「奉行所ヨリ浦継之証文者出不申候得共」と有るのを踏まえると、人そのものに対する浦継証文は、交付された例が無いのではないかと思われる。

一方、伝馬証文は旅客となることを前提とするものだが、これが和歌山藩では、浦継便乗をも認める内容を、併せ有する存在となっていた。押送船への便乗を認めたのは、紀州の海岸地帯には、「歩行路不自由之所」が多く在ったからだろう。紀勢本線の列車に乗ると、海沿いを走行しているにもかかわらず、トンネル通過が頻繁なのを実感する。山が海の近くまで迫っているからであるが、近代的交通機関導入以前においては、このような所の道は整備が行き届かず、移動の際は、むしろ海上を舟で行くほうが便利であった。伝馬証文を水陸両用としたのは、奉行所が、領内の地形条件を熟知していたことの証と言えようか。末尾に「伝馬之替」と記されていることが、紀州の押送船の立ち位置を物語る。

第四は文意が分かりにくいが、浦継証文・伝馬証文に基づく押送船の利用に、船賃は不要であることが示されていると、受け取れば良いのだろうか。であれば、押送船の航行は、浦々にとって「負担」であったことを、改めて認識させられるのである。負担のあり方の内容は、史料1で見たところだが、これが重ねて記されている。ただ、文体は、史料1が命令調であるのに対し、第四は様相を確認する淡々としたもので、書き方が異なっている。負担のあり方は「浦方割」と呼ばれているが、穏やかな文体と固有名詞の出現は、正保二年から享保元年までの七十年の間に、この決まり事が浦方に定着したことを、物語っているのかもしれない。

負担は、組の浦々へ割賦するのが基本であるが、例外も存在した。浦々が協議して割り当てることをせず、一か浦が全てを賄う組が複数以上在るというのだが、言わば、これは、お上からの指示を違えた「実態」である。しかし、それを咎めるどころか、藩法に書き込んでいるのは、当局が「実態」を追認していることを表している。遵法精神よりも搾取出来ればそれで良いとの、支配者側の身勝手が滲み出ていると言えるだろう。何れにせよ、この形が、正保期から有ったのか、享保期に見られるようになったものなのかを含め、具体的な事は何も分からないのである。

三　浦継の実態

押送船は浦継で運航するよう定められていた。前節二で見たとおり、その活動に関わって、史料1では負担する者に対して、史料2では享受する者に対して、藩から、それぞれ決まり事が示されている。これを基に、実際の航行がどのようなものであったのかを見てゆくのが、次に行うべき作業となる。事例は、和歌山から菱垣廻船の発祥地とされる富田浦までについてで、掲げる史料は、『万代記』十五に掲載される、享保十二年(一七二七)の「熊野御修覆荷物浦送　同船賃里数書上」である。

〔史料3〕[46]

一熊野三山修覆方御用之荷物浦継押送ニて新宮へ遣候義有之節、浦継一ケノ所々之雑用入用銀別紙之通書付出候様、新宮迄之浦々大庄屋中へ相通書付新宮へ相達候ハヾ、新宮大庄屋ゟ我等方へ伝馬継便ニ指越可申候間、可被申遣候、以上

十月廿七日　　笠原忠左衛門

川瀬重左衛門殿

覚

雑賀崎ゟ大崎浦迄海上弐里半程

一御用荷物船壱艘　但五拾石積

此船賃米壱斗弐升

水主賃米三斗六升

右御用荷物雑賀崎浦ゟ押送候、五拾石積之船当浦ニ無御座候ニ付、五拾石目之御荷物大概六艘ニ積分押送申積之船賃水主賃大様如此御座候、御荷物之品ニゟ船数増減難斗奉存候ニ付、決定ハ難申上御座候、以上

未十月廿九日

海士郡雑賀崎浦庄屋

弥兵衛

川端(47)重左衛門殿

大崎浦ゟ有田郡北湊浦迄海上弐里半程

（中略）

南部浦ゟ芳養浦迄海上壱里半

一御用荷物船壱艘　但五拾石積

此船ちん三匁五分

水主ちん拾弐匁

はや浦ゟ江川浦迄海上五拾丁

一御用荷物船壱艘　　但五拾石積
　此船ちん弐匁五分
　　水主ちん八匁
江川浦ゟ富田中村川口迄海上三里半程
一御用荷物船壱艘　　但五拾石積
　此船賃銀拾匁
　　水主賃三拾目
右御用御荷物江川敷浦ゟ富田中村川口迄押送候、五拾石積之船当浦ニハ無御座候ニ付、五拾石目之御荷物順々之通五艘ニ積分、押送申積之船賃水主賃大様如此ニ御座候、尤御荷物之品ニゟ船数之義難斗奉存候
　　　　　　　　　　　　　　　　牟婁郡田辺敷浦庄屋
　未十一月八日　　　　　　　　　　　　　清太夫
　　　　　　　　　　　　　　　同江川浦庄屋
　　　　　岩本八郎左衛門殿　　　　　　　次郎兵衛

1　通達と「覚」

この史料は、一つ書きの第一は藩庁からの通達、これに続く「覚」以下は現地からの報告である。通達の発信者・受信者は、共に名字が書かれていること、大庄屋に対して指図する立場に在ると読み取れることから、二人とも藩士

と考えられる。受信者が初めて読んだのではなく、田辺大庄屋が控を残していること、「新宮迄之浦々大庄屋中へ相通書付」とあることから、御用荷物と併せ運ばれて引き継がれ、浦々の大庄屋・庄屋等が順に回覧して、最終的に新宮の川瀬重左衛門へ届けられたと、判断される。「覚」は浦々が認めた報告の控だが、中継地では、前の中継地から束になって来る各所の報告に、自分の所のものを加えては、一括して次の目的地へ送付していたのが分かる。田辺大庄屋は、発送地の雑賀崎から自らが管轄する富田の報告を、纏めて控え、「覚」として遺したのである。報告の現物は、富田の先々で更に数を重ねては、新宮を目指したのだろう。ただ、田辺の者には、現物のその後については知る術が無い。よって、富田から先、新宮までは、何処を中継地としていたのか書くのは不可能で、読み解く我々も地名を知ることが出来ない。

かかる状況と、史料1で「組中之内何之浦々手寄におひておし送仕」ったのかを、報告するよう求めているのを併せ考えると、御用荷物送付が生じた場合、何処を浦継の場所とするかは、予め指定されていたのではなく、その都度、可能な所が引き受けるとの形が採られていたと、推定される。伝馬継が決まった伝馬所でなされたのに対し、浦継を行う所は不定と、押送船運航は流動性の高いものであったと見なされるのである。

通達には、熊野三山の修復にあたり、和歌山から現地へ届ける御用荷物を、新宮までは海上を浦継によって送るという、押送船を仕立てる目的が記されている。中継地となる各浦に対しては、一か所ごとに経費を書いた報告を差し出すよう指示しているが、これは書式が決められていた。「別紙」が添付され、見本に従い記述するよう、求めるのである。こうして作成された報告の控が「覚」であるのは前述のとおりだが、細かな物言いに、押送船の運航が権力の統制の下で行われていたことを改めて認識させられる。浦々の庄屋等が通達を回覧したことも既述のところだが、最終目的地の新宮の大庄屋に対しては、これを受け取ったら藩庁へ報告するよう、申し渡してほしいと、発信者から

写真17　雑賀崎番所の鼻

受信者へ依頼がなされていた。御用荷物が確かに目的地に着いたかどうかの確認が、厳密に行われていたのを知ることが出来る。確認の便りは伝馬継で送るよう、指図されていた。和歌山藩は、書状は伝馬継で送付しており[48]、浦継で送った荷物であっても、これに関わる通信には、陸運を使っていたのである[49]。

2　浦のすがた

「覚」には、浦継場とされた地名が列挙されている。これらの中から、今回は、雑賀崎・大崎浦（加茂谷三か浦）・江川浦・富田浦の、四か所を訪れた。

(1) 雑賀崎

「覚」の最初に記される雑賀崎は、紀ノ川河口の南方、直線距離一里程の所に位置する岬である。西端部の番所の鼻（写真17）には、藩政時代、遠見番所や幕末期の台場が置かれ、海の守りの要となっていた[50]。浦は南向きで、背後は丘陵地帯であるから、前近代的交通機関の時代、外部との往来は海路が中心だったと思われる。高台には衣美須神社が鎮座するが、常夜灯には「文政七年(一八二四)」と刻まれていた。御用荷物は、和歌山城下から舟で雑賀崎まで運ばれ、押送船に引き継がれたのだろう。雑賀崎は、浅野氏時代から加子役負担村になっており[51]、押送船を担う前提を課されていた。城下至近の良港との立地条件と併せ、押送船の始終点を担う所であったと、考えられるのである。

史料3の「雑賀崎」によれば、この地の役目は、海上を二里半程南下した大崎浦まで御用荷物を運び、引き渡すことであった。藩から浦への指令は、荷物は五〇石で、これを積める船を一艘用意するようにというものである。これに対し、雑賀崎浦庄屋の弥兵衛は、通達の受信者である新宮の川瀬重左衛門宛に、指定された報告と共に添状を送り、浦の現状を訴えている。伝言は、雑賀崎には五〇石積の船が無いから、荷物を六艘の船に分けて積み、押送るつもりだが、荷物の内容によって船の数は増減するので、現時点で必要数を計上するのは叶わない、よって、報告の内容を決定したものとすることは出来ない、というものであった。報告を求められている経費については、船賃・水主賃を示しながらも、仮に六艘で運んだ場合の概算であるのを、断っている。

報告の意外な記述は、雑賀崎だけが、経費の額を米で示していることだろう。後を引き継ぐ他の浦は、全て銀で表しているのである。この状況は、銀で表示するのが一般的だったと解釈出来るが、そのなかで、雑賀崎が敢えて米を目安にした理由は分からない。住民は、賃金を、食料現物支給で受け取ることを望んだのだろうか[52]。添状で注目すべきは、船そのものと荷物の内容である。まず船だが、前述のとおり、藩当局は、五〇石積一艘と指定した。ところが、雑賀崎には、該当する船が存在しないというのである。無いのは、それまで必要とされたことが無く、五〇石は、過去に例が無い大容量の荷物だったと、思われる。熊野三山修復用ということで、建築資材だったのだろうが、浦側の対応策は、数艘に分けて積むというものであった。仮に六艘とするならば、九石以上の船が使用可能となるから、紀州の押送船は九石前後だったということになるのである。

次に荷物の内容だが、品質の高低によって、船の数は増減すると述べている。現代でも、貴重品の輸送は梱包が厳重になるため容積が嵩張るが、近世においても、これは同じであったろう。熊野三山用品ともなれば、取り扱いには厳重注意が求められたに相違ない。弥兵衛は、容積増量に伴う船数増加を想定しつつも、なお必要数が読めないことから、慎重な姿勢を示したのではなかろうか。

(2) 大崎浦(加茂谷三か浦)

大崎浦は、雑賀崎の南西に在って、地理的に加茂谷と概称される一帯の、岬の西端部に位置している。加茂谷は、中世末には今の集落が成立しており、慶長検地時には、大崎浦を含む二四か村が在った[53]。加茂谷中部の上村から小畑村への道筋には、天台宗長保寺の伽藍が展開し、紀州徳川家の菩提寺となっている。宝暦三年(一七五三)の「加茂組書上」には、塩津・下津・大崎のみが「浦」、他は「村」と、書かれているが、三か浦は、他の村々に比べ、石高に対して戸口が多く、漁業や廻船業によった所であることが示されている[54]。大崎浦は、雑賀崎に同じく、浅野氏時代から加子役負担村とされていて[55]、押送船を担う前提が課されていた。高台には稲荷神社が鎮座するが、鳥居には「元禄十二年(一六九九)」と刻まれている。その至近に、井戸の跡が在るのが、目を引いた。大崎浦と下津浦の間の海岸道路沿いには、「紀文船出の地」の碑が立てられており、付近一帯が海路の要の地であったことを、今に伝えているのである。

三か浦の背後は何れも丘陵地帯で、岬の、北の付け根(塩津)、南の付け根(下津)、西端(大崎)に在って、それぞれ海に面している。浦の向きは、塩津＝北、下津＝西、大崎＝南と、異なっているが、違いを生かし、加茂谷の湊に寄港する船は、風向きや潮の流れによって、その時一番安全な所を選んでいたのかもしれない。というのも、三か浦のなかで雑賀崎に一番近いのは、塩津であるにもかかわらず、史料3には大崎の名が挙げられているからである。熊野三山宛の浦継が行われた「月」は十・十一月だから、季節は冬で、北西の風が吹きつける頃であった。かかる条件下で、浦への出入りが最も安全と見なされたのは、南向きの大崎だったろう。ここは、入船の際は向かい風にはなるが、山に遮られて風力は弱く、出船の時は追い風となって、速やかに次の目的地である北湊浦を目指すのを可能にしていたと、考えられるのである。

浦継を担う浦々は、当然押送船を有していたはずだが、今回の訪問地のなかで、これを浦からの「差出」で確認出来たのは、やはり浅野氏時代から加子役負担村とされている塩津、[56]ただ一か所のみであった。史料は、天保十三年（一八四二）に写された『御当家御入国以来塩津浦家数人別帳』の、元禄九年の「差出」で、「船数　百八十七艘　百十五艘　漁舟　十壱艘　廻船　四十一艘　いさば　弐十艘　押送り」と、記載されている。[57]また、版籍奉還期のものではあるが、明治二年四月の「塩津浦大指出し帳控」には、「船数　九拾六艘　三十艘　いさば　弐拾三艘　小廻船　七艘　押送り　弐拾九艘　漁船　七艘　手繰船」と、書かれている。[58]

塩津の押送船の数は、元禄期には二桁に及んでいたことが知られるが、他の浦と比べ、多いか少ないかは、比較できる史料が見出せていないため、分からない。便法として加子役負担を目安にすると、塩津は領内では負担が大きな所だったから、[59]これに比例するとなれば、船や浦人は頻繁に動員されていたことになる。対応するには、相当数の船数が必要だったと予想され、多くを持つ浦と位置づけられていたのではなかろうか。

塩津の押送船の用途は「御用」であると明記した史料が遺されている。個人所蔵文書のため未だ実見する機会にめぐまれないが、延宝七年（一六七九）の「当浦網屋町と出入諸色扣」には、「一浦次ニ押送リ之御用参候節者船加子出し相勤申候御事」と記されていて、[60]史料1に見られる指示に応ずる活動をしていたのを、知ることが出来る。船の形状・性能等は不明だが、リレー輸送に従事したこと、関東の押送船が快速船だったことを併せ考えれば、速力重視の船体であった可能性は高いだろう。なお、『御当家御入国以来塩津浦家数人別帳』の所蔵者が、塩津の頭立衆の九鬼家であるのは[61]、興味深い。ここの産土社は蛭子神社だが、社の正面の寄進石柱に氏名が刻まれ、土地の有力者であることを物語っている(写真18)。蛭子神社の享保五年の常夜灯からは、「回船安全」の文字を読み取ることが出来て、廻船業が盛んであった往時を偲ばせているのである。[62]

写真18　蛭子神社の石柱

(3) 江川浦

大崎浦を出た熊野三山御用荷物は、北湊浦・衣奈浦・比井浦・薗浦・印南浦・南部浦・芳養浦を経て、田辺の江川浦に達している。

江川浦は、会津川河口の右岸に在って、今は漁師町だが、豊臣政権期には、田辺城下の中核となっていた。天正十三年(一五八五)、秀吉の家臣杉若越後守は、在地勢力を滅ぼすと、芳養泊城に入城する。同十八年、杉若氏が城を上野山に移すと、その南に広がる会津川右岸一帯が、城下町として形成されたのである。[63]田辺は、浅野氏時代、前述のとおり浅野左衛門佐の支配下となるが、慶長十一年(一六〇六)に左衛門佐が城を会津川左岸に移したため、右岸は城下町としての地位を失った。[64]移された城は、会津川を挟んだ江川浦の対岸に建てられ、今も水門跡を見ることが出来る。城が去った後、河口右岸は漁師町として今日に続くが、元和九年(一六二三)の史料には「江川浦」と表記されている。[65]景観(写真15)からは、典型的な河口湊であった所と、判断されるのである。

史料3の「江川浦」によれば、この地の役目は、芳養浦の押送船が積んで来る御用荷物を受け継ぎ、富田中村川口まで運んで、引き渡すことであった。雑賀崎で見たのと同じ指令が藩から浦へ来ていて、ここでも、庄屋が、指定された報告と共に添状を送り、浦の現状を訴えているが、発信者と受信者のあり方には違いが見出される。まず発信者は、雑賀崎では一人だったが、ここでは、江川浦と敷浦の二人となっている。何故かということになるが、これを教えてくれるのは次の史料である。

〔史料4〕(66)

（前略）

一御用之船役之義ハ若山ゟ熊野迄、押送ハ江川浦ゟ富田浦迄、熊野ゟ若山迄押送リハ富田浦ゟ江川浦迄、先規ゟ勤来候ハ浦継押迄ニ瀬戸村と申義無御座候御事

（中略）

貞享弐年丑九月

江川浦庄屋　次郎兵衛
同　年寄　吉兵衛
同　　六郎兵衛
敷浦庄屋　嘉兵衛
同　肝煎　清右衛門
両浦中

荻原杢右衛門様

（後略）

右の史料で注視すべきは、江川・敷両浦の役人の連名で、文書が作成されていることである。これは、貞享年間

(一六八四～八八)において、浦継の区間が江川浦—富田浦であり、運航される押送船は、江川・敷の両浦で務めるのが習いであったことを示している。ということは、熊野三山宛輸送においても、この間は江川・敷両浦の共同運航であったと考えれば、発信者が二人の連名になっているのも、言わば当然なのである。共同運航は、更に遡って、史料1と同年の、正保二年(一六四五)にも既に行われていた[67]。次は受信者だが、川瀬重左衛門ではなく、岩本八郎左衛門となっている。岩本は、名字が書かれていることから藩士であり、富田浦より新宮寄りに居たのだろうが、それ以上のことは分からない。添状の内容は、基本的に雑賀崎と同じだが、荷物を分け積みするのに必要な押送船が五艘と、雑賀崎より一艘少なくなっている。すなわち、江川・敷両浦の船は、一〇石積以上であったと考えられる。押送船の大きさは、浦によって異なったことが、窺われるのである。

(4)富田浦

白浜の千畳敷の南西に在る瀬戸崎から、南方三里の市江崎に至る沿岸地帯が、富田浦である[68]。元和六年十二月の史料によれば、富田中村・芝村・高瀬村・朝来帰村の四か村の総称が富田浦中で、加子役負担を課されていた[69]。

史料3によれば、江川浦を出た押送船の役目は、富田中村川口まで荷物を運び、引き渡すことである。川口は高瀬川左岸の河口に位置するが、高瀬川の北には富田川が流れ、二本の川は河口で合流して、熊野灘へ流れ込んでゆく。川口を訪ねると、近代以降の建設と思しき舟着場が在って、小舟が繋留されていた(写真19)。前近代の遺構らしきものは見出せないが、舟着場付近から河口までは、川幅が広く、水量も豊かだから、前近代において、一〇石規模の舟の往来は可能だったと思われる。川名登によれば、関東の押送船も、江戸湾から江戸内川へ乗り入れていた[70]。紀州の押送船も、富田浦では、多少河口から遡っていたのかもしれない。江川浦から荷物を受け継ぎ、次の押送船を仕立てるのは、加子役負担を負った富田浦中の役目であったろう。ただし、これに関わる史料を見つけ出すことは出来てい

写真19　川口の舟着場

ない。江川浦・敷浦に同じく、共同運航したのかどうか、次はどこの浦まで行ったのか等々、具体的なことは何も分からないのである。

前述のとおり、富田浦は菱垣廻船の発祥地とされる所だが、当時の船は「板子一枚下は地獄」なので、人々の航海安全を祈る気持ちは強かった。中村の西北の丘の上に、金比羅神社が鎮座するのは、これを我々に伝えるものである。社へは、現在は村から車道が通じているが、浜の大間磯と直結する道も在って、階段が設けられていることから、かつては、こちらがメインだったのかもしれない。拝殿の前には、寄進の狛犬が祀られ、向かって左には摂州大坂の、右には今津の商人が連名で、それぞれ台座に刻まれている（写真20）。天下の台所からの安全祈願は、この地が幹線航路の要所だった歴史を明示する。加うるに、中村村内に鹿島神社が鎮座して、文政二年（一八一九）の常夜灯に「金比羅大権現」と刻まれているのは、海への安全が強い願いだったことを、語り伝えているのである。

写真20　金比羅神社の狛犬

以上を以て浦継の事例検討とするが、塩津で、明治期に至るまで押送船が存在したことを確認しえたのは、成果の一つと言って良い。紀州では、近世を通じ、押送船が航行していたのである。

四　鮮魚輸送

「第一節2項」で述べたとおり、先行研究からは、「紀州の押送船は魚を運んだ」との記述を読み取ることは、出来ていない。ところが、史実は、どうやら「運んでいた」らしいのである。まずは根拠を掲げよう。

〔史料5〕[71]

此度諸人初浦々諸廻船并ニ諸向江通船等、向後無鑑札ニ而他出不相成との御儀、御布告之御趣奉畏、村中江屹度申付候処、一同奉拝承居候、当浦ニ者廻船等無御座候得共、此節鰯漁順ニ趣候得共、餌サ無之候而者、持網職休業ニ相成候付、右餌サ買積ニ備前表江罷出度筋も有之、付而者生魚買積押送り等渡世ニ致居候者も有之、差当り甚難義迷惑之趣歎出、（中略）

未　五月十二日　　加太浦庄屋　幸前庄左衛門（印）

（他五人）

松本弥四郎殿

（後略）

この史料は廃藩置県期のものではあるが、「生魚買積押送り等渡世ニ致居候者も有之」は、藩政時代からのことと考えて良いだろう。紀州の押送船には、関東のそれと同じく、鮮魚輸送に従事したものが有ったのである。

該当の押送船が居た加太浦は、紀ノ川河口の西北、直線距離八キロ程の所に位置している。中世以来、漁業を生業として、十八世紀後半頃まで、湊としての整備はなされず、海上交通上は、紀淡海峡を乗り切る船の、潮待ちの場所であった。[72]湊の体裁を整えるのは天保期で、廻船も入津するようになる。[73]ただ、史料5に有るとおり、地元に廻船業者は居らず、廻船拠港としての地位は高くない。漕運の専門業者が居ないことから、物資輸送には、漁船等が充てられている。[74]慶長十六年（一六一一）の加子役浦とされており、[75]浦継押送船負担の前提を課されていた。

加太には、人形を納めることで知られる淡島神社が鎮座するが、南海電車加太駅からの参詣道の途中では、嘉永二年（一八四九）の道標が道案内をしてくれる。史料5に「諸向江通船」と見えるとおり、ここは、かつて淡路島や四国へ向かう人々の乗船の場であったから、境内には、文政十三年（一八三〇）に堺の者が寄進した千度石が在り（写真21）、「渡海安穏」と刻まれ、往時の船旅の厳しさを今に伝えているのである。

写真21　淡島神社の千度石

紀州の押送船は、元来、和歌山と南紀・伊勢方面を結ぶものであったから、この航路から外れる加太に存在していたのは意外である。ただし、助郷負担の掛け方を踏まえるならば、雑賀浦に至近と見なされ、加子役負担浦であるのを口実に、「お手伝い」に駆り出される場合が有ったことは、想定しておいて良いだろう。重要なのは、その船が、本来の業務から転じ、鮮魚輸送に使われていた事実である。背景は、和歌山の城下町形成に伴い、鮮魚の需要が生み出されたことに[76]、求められると推定される。需要は幕末期まで続いたというが[77]、明治初年になっても状況は変わらず、史料5の記述に繋がったと思われる。加うるに、魚の発送・送付地は、加太・和歌山に止まらないのである。

〔史料6[78]〕

本脇浦　善五郎印
三人乗

一私共作間稼ニ生魚上方へ送り仕来リ候付、出船刻限難相計奉存候間、壱ケ年限リニ御鑑札御戴仕度奉存候間、何卒草々御聞済御座候様、宜奉願上候、以上

未五月

村役人衆中

（後略）

この史料に「押送り」の文言は見えないが、史料5とセットで伝えられており、押送船が使われていたのは確実である。発送地の本脇浦は、加太から和歌山寄りの二里ケ浜に位置するが、注目すべきは、送付先が、「生魚上方へ送り仕来リ候」と、明記されていることだ。これはすなわち、紀州の押送船のなかには、大坂へ鮮魚を運んだものが有ることを表している。和歌山周辺漁村の漁獲物を、上方方面へ送るのは嘉永頃からである(79)。大坂へも押送船による魚輸送が行われていたことに、驚きを禁じえないが、「作間稼」と言っているから副業であり、江戸を目指した押送船と同列には見なせない。史料5・6による願い事は、船に対する鑑札交付である。鑑札は、伊豆では実見することが出来たが(80)、紀州では目にしえていない。史料5からは、それ以前、無鑑札の者が、相当数居たことが窺われる。押送船の余業使用は、その類だったのだろう。紀州の鮮魚輸送は、史料に遺りにくい形で行われていたと、考えられるのである。

おわりに

今回の作業を通じて分かった最重要事項は、史料初見が正保二年（一六四五）だということである。前述のとおり、関東のそれが貞享年中（一六八四〜八八）であるとするならば、押送船の存在は、紀州の方がより早い時期からということになる。これによって関東の押送船は、実は紀州から伝えられたものである可能性が、浮上してきたのである。

仮にそうだとするならば、その前提は、荒居の指摘＝近世初期において漁村・漁業が未発達だった関東への紀州漁民の進出に、[81]求められるだろう。注目すべきは、漁民と共に魚商も東へ赴き、江戸への魚流通の大半を担ったことである。たとえば、伊豆網代の御木半右衛門家は、貞享年中に紀州から来て土着したが、享保年中（一七一六〜三六）には、押送船を三艘所有して、江戸へ魚を出荷していた。[82]管見の限り、網代の押送船の史料初見は宝永三年（一七〇六）であり、「押送船八艘」と記されているが、[83]宝永期に、伊豆でこれだけ多くの押送船を所持していた所は、網代以外には見出しえていない。魚商＝押送船の集結地だったと見なされるが、かかる史実を目前にすると、「押送船は、元来、御木半右衛門家のような紀州出身者によって、関東へ伝えられたのではなかろうか」と、思いたくなるのである。

一般化をするならば、文化伝播の問題と位置づけられるが、これの検討が研究上の重要課題であることは、交通史学会大会でも説いたところである。[84]押送船が、紀州から関東へ伝えられたものかどうかを検証する第一歩は、新宮より東の紀伊半島東岸の調査ということになるだろう。もしも、ここから伊勢・志摩にかけ、連続的に存在していたならば、渥美半島へ繋がり、東漸の可能性は一気に高くなるのである。

註

（1）本書三九頁。

（2）桜田勝徳「改訂船名集」（『桜田勝徳著作集』第三巻、一九八〇年十月）一六二頁。

（3）『和歌山県史』近世（一九九〇年八月）五三三頁。

（4）上村雅洋『近世日本海運史の研究』（一九九四年四月）。

（5）和歌山県内の自治体史では、押送船の解説の大半は、笠原正夫が担当していると思われる。また、笠原の単著には『近世漁村の史的研究―紀州の漁村を素材として―』（一九九三年二月）が有る。

（6）小山靖憲・笠原正夫編『街道の日本史36 南紀と熊野古道』（二〇〇三年十月）八五～八六頁。
（7）『和歌山県史』近世、一五～一六頁。
（8）同右一七頁。
（9）同右二三頁。
（10）同右二九頁。
（11）同右二九・三六頁。
（12）同右五六頁。
（13）同右四七頁。
（14）同右四八頁。
（15）同右五五頁。
（16）同右五六～五七頁。
（17）笠原『近世漁村の史的研究』一七頁。
（18）『和歌山県史』近世、二二八頁。
（19）同右二二九頁。
（20）笠原『近世漁村の史的研究』二三頁。
（21）同右一二頁。
（22）同右一五～一七頁。
（23）『和歌山県史』近世、二二九頁。

(24) 同右一九五〜一九七頁。
(25) 『和歌山市史』第2巻 近世(一九八九年三月)一八三頁。
(26) 笠原『近世漁村の史的研究』一八頁。
(27) 同右第一章第四節。
(28) 同右三〇七頁。
(29) 荒居英次『近世の漁村』(一九七〇年九月)三二一頁。
(30) 同右三二五〜三二六頁。
(31) 同右三三六頁。
(32) 小山・笠原編『街道の日本史36 南紀と熊野古道』一一三頁。
(33) 『和歌山市史』第2巻 近世、六九九頁、『和歌山県史』近世、五六一頁。
(34) 笠原『近世漁村の史的研究』第一章第四節。
(35) 『和歌山県史』近世史料一(一九七七年三月)一一八三頁。
(36) 同右八〇七頁。
(37) 安藤精一監修『紀州田辺万代記』第1巻(一九九一年十一月)七〜一〇頁の、雑賀貞次郎「万代記及御用留、田辺大帳のこと」によれば、『万代記』は、田辺大庄屋の田所家の記録で、文明三年(一四七一)から天保十年(一八三九)に亙り、現存伝本は文化年間(一八〇四〜一八)成立と推定される。
(38) 『紀州田辺万代記』第1巻、九一〜九二頁。
(39) 同右二四二頁。

(40)　荒居『近世の漁村』一八一頁。

(41)　笠原『近世漁村の史的研究』八三頁。

(42)　『和歌山県史』近世、一九七頁。

(43)　『和歌山県史』近世史料一、一一八四頁。

(44)　同右八三二頁。

(45)　同右八三〇頁。

(46)　『紀州田辺万代記』第2巻(一九九一年十一月)四四四～四四五頁。

(47)　「川端」は「覚」の直前に記される「川瀬」と同一人物と思われるので、以下では「川瀬」に統一する。

(48)　『和歌山県史』近世、五五九頁。

(49)　笠原は「浦村からの注進は、海陸両面を利用しているが、伝馬継を重視した」と述べている。『近世漁村の史的研究』八五頁。

(50)　現在、番所跡は庭園として整備され、台場跡は県史跡となっていて、共に説明書が設置されている。

(51)　『和歌山市史』第2巻 近世、六九九頁。

(52)　鹿児島藩では、近世後期において、船には運賃米が支給されていた。拙著『近世海運民俗史研究―逆流 海上の道―』(二〇一二年一月)二一四頁。

(53)　『下津町史』通史編(一九七六年三月)一九四頁。

(54)　同右一九六～一九七頁。

(55)　和歌山県文化財研究会編『歴史の道調査報告書(Ⅶ)―河川交通及び海路交通―』(一九八三年三月)六七頁。

(56) 同右六三頁。
(57) 『下津町史』史料編 下(一九七四年七月)四四六頁。
(58) 『下津町史』史料編 上(一九七四年三月)六六七頁。
(59) 和歌山県文化財研究会編『歴史の道調査報告書(Ⅶ)』六三頁。
(60) 同右六四頁。
(61) 『下津町史』史料編 下、三六一頁。
(62) 和歌山県文化財研究会編『歴史の道調査報告書(Ⅶ)』六四頁。
(63) 『田辺市史』第二巻 通史編Ⅱ(二〇〇三年一月)四九～五二頁。
(64) 同右五二頁。
(65) 同右五三～五四頁。
(66) 「乍恐指上申返書」『万代記』六(『紀州田辺万代記』第1巻)二六七～二六八頁。
(67) 『田辺市史』第二巻 通史編Ⅱ、一九四頁。
(68) 『白浜町誌』本編 上巻(一九八六年三月)三六二頁。
(69) 『田辺市史』第二巻 通史編Ⅱ、一八九頁。
(70) 川名登『近世日本の川船研究―近世河川水運史―』上(二〇〇三年)四二四頁。
(71) 明治四年「乍恐奉願上口上」「加太浦諸回船　通船御鑑札御下げ願」(『和歌山市史』第6巻 近世史料Ⅱ(一九七六年三月)七六〇頁。
(72) 和歌山県文化財研究会編『歴史の道調査報告書(Ⅶ)』二九頁。

(73)　同右三一頁。
(74)　同右三五頁。
(75)　笠原『近世漁村の史的研究』一九頁。
(76)　『和歌山市史』第2巻　近世、一八〇頁。
(77)　同右六九六頁。
(78)　明治四年「乍恐奉願上口上」「加太浦諸回船　通船御鑑札御下げ願」（『和歌山市史』第6巻　近世史料Ⅱ）七六二頁。
(79)　『和歌山市史』第2巻　近世、六九六頁。
(80)　本書四三頁。
(81)　荒居『近世の漁村』三一九～三二〇頁。
(82)　同右三三二頁。
(83)　「網代村差出帳下書」（『熱海市史』資料編、一九七二年三月）四八四頁。
(84)　拙稿「越中ブリの製法と輸送」（『交通史研究』八九号、二〇一六年十月）三三頁。

あとがき

二〇一八(平成三十)年三月まで勤務した近畿大学文芸学部の個人研究室の書棚には、笠原正夫氏の『近世漁村の史的研究—紀州の漁村を素材として—』(名著出版)が、蔵書の一冊として置いてあった。この本が世に出たのは一九九三(平成五)年だが、多分、刊行直後に購入したのだろう。しかし、そのなかに「紀州に押送船が在る」と書かれているのに気付くまでには、四半世紀近い時間が流れてしまっていた。自身の読書能力の低さを恥じ入るしか無いのだが、敢えて言い訳をするならば、「紀州の押送船」に長年注目出来なかった交通史専攻者は、どうやら私一人だけではないらしい。もしも誰かが声を上げていたならば、そもそも本書を取り纏める必要は無かったからである。

学生時代、恩師の宮本馨太郎先生から「お説御尤もなんて言っているうちはお前はダメだ」と、言われたことが有る。これは、「通説を鵜呑みにしていては研究は進まない」ということを諭されたもので、気を付けてはきたつもりだが、その呪縛に縛られずにいるのは至難の技(わざ)であるのを、押送船報告の整理を通じ、改めて噛みしめる結果となった。通説再検討を提案するとの形で自省を試みたわけだが、「紀州から関東へ伝えられたものではないのか」には、実は更に深い奥行きが有りそうだと、考えるようになっている。

二〇一七(平成二九)年四月十五日(土)の午後、地方史研究協議会の第五八回日本史関係卒業論文発表会に参会した私は、会場の駒澤大学の教室で若い人達の報告に聞き入っていたが、茨城大学の大山恒氏の研究から、実に貴重な史実を学ぶことが出来たのである。大山氏の論題は「北条氏の水軍について—山本氏と梶原氏—」で、その後『地方史研究』六七巻三号（二〇一七年六月）四九～五〇頁に要旨が掲載された。大山氏によれば、戦国大名北条氏の水軍は、本拠が、領国内の山本氏と、領国外の梶原氏の、二家によって構成されていた。梶原氏は、紀伊半島の出身で、造船技術や操船技術を職人や漕ぎ手とともに北条氏へもたらしている。北条氏から梶原氏へは、紀伊国商船の北条氏領国への乗り入れを許可する書状が発給されて、梶原氏の太平洋航路を通じた商品流通への関与も窺える、というのである。なお、北条水軍については、山内譲氏の『海賊の日本史』（講談社、二〇一八年六月）に言及がある。

第三章の「おわりに」に示したとおり、紀州から関東への文化伝播は近世初期と考えていた私には、大山氏の報告は正に「発想の転換」を迫る内容として受け止められた。すなわち、戦国時代において、紀州の造・操船技術は、既に関東へ伝えられていたのであり、押送船の伝播も近世以前に遡る可能性が浮上してきたのである。梶原氏による技術東漸、伊豆網代の御木半右衛門家の先輩格の商人等々の様相を知りたいところだが、これらを具体的に学ぶことは今後の楽しみとしておこう。

収録四編のうち三編は、近畿大学民俗学研究所の所員を兼務していたことから、毎年決められた地域で調査を行い、報告として執筆したものである。太平洋岸が調査対象地とされた時、伊豆・渥美・紀伊の三つの半島を選択したが、この全ての地域に、「認知度が低い」押送船が存在していたことは、正に結果オーライとなった。改めて地図を見てみると、相模湾から熊野灘の間で、陸地側から海側へ向かって突き出ているのは、伊豆・渥美・志摩・紀伊の各半島と御前崎だけである。唯一御前崎は訪ねていないが、第一章第二節で見たとおり、押送船は存在していた。突き出しと接する海は、沖に黒潮が流れる「海上の道」だから、航海能力の高い押送船が集中していたのは、思えば当然のことなのかもしれない。

今回研究対象とした海域は、江戸と東海・上方を結ぶ廻船の航路にあたるため、多くの海運史研究が蓄積されてきたが、関東以外では、押送船が注目されることは少なかった。活動が地域限定型であり、船体自体が長距離航海に向いていなかったからだろうが、本書の予測が当たっていれば、「押送船を使う文化」は紛れもなく遠隔地へ移動している。文化伝播は公式化しにくいものだが、本書で示した手法によれば、見通しをつけることは可能なのである。前著『近世海運民俗史研究』（芙蓉書房出版、二〇一二年）で提唱した、公式化しにくい海運史研究に、一つの成果を加えたと、言って良いだろう。公式化しにくい海運史研究の先駆者は柳田國男先生だが、私の押送船研究は、伊良湖岬の在る渥美半島から始まった。たまたまではあるが、柳田先生の縁の地から出発し、小著を纏めるに至ったことを、嬉しく思っている。

定年退職という節目を機会に、文字通りの「小さな本」の刊行機会に恵まれたが、収録諸編を纏めるための調査経費は全て近畿大学から支給された。歴代民俗学研究所長をはじめとする関係者各位の御配慮の賜物である。また、学びの中心的な場としてきた交通史学会員の皆様からは、長年にわたり有益な助言をいただいてきた。まだ暫く交通史の勉強は続けたいと思っているので、引き続き御厚誼を賜りたい。本書の刊行は岩田書院にお引き受けいただいた。交通史学会員でもある岩田博社長の御高配によるものである。

多くの方々から後押しをしていただいて、無事に押送船の「進水式」を迎えることが出来た。厚く御礼申し上げたい。

二〇一八（平成三十）年十二月三日

胡桃沢　勘司

著者紹介

胡桃沢 勘司（くるみさわ かんじ）

1951（昭和26）年　長野県松本市生まれ
1975（昭和50）年　立教大学文学部史学科卒業
1983（昭和58）年　筑波大学大学院博士課程単位取得退学
1983（昭和58）～1990（平成２）年　高崎経済大学・早稲田大学等非常勤講師
1990（平成２）～2018（平成30）年　近畿大学文芸学部専任教員
現在　近畿大学名誉教授　交通史学会運営委員　博士（文学 東北大学）
著書『西日本庶民交易史の研究』（2000年12月　文献出版）
『牛方・ボッカと海産物移入』（2008年４月　岩田書院）
『近世海運民俗史研究―逆流 海上の道―』（2012年１月　芙蓉書房出版）

押送船（おしおくりぶね）―江戸時代の小型快速船―

2018年（平成30年）12月　第１刷　600部発行　　**定価［本体1900円＋税］**

著　者　胡桃沢 勘司

発行所　有限会社岩田書院　代表：岩田　博　　http://www.iwata-shoin.co.jp
〒157-0062 東京都世田谷区南烏山4-25-6-103　電話03-3326-3757　FAX03-3326-6788

組版・印刷・製版：亜細亜印刷

ISBN978-4-86602-063-1 C3021 ¥1900E